Wissenschaftliche Reihe Fahrzeugtechnik Universität Stuttgart

Reihe herausgegeben von

Michael Bargende, Stuttgart, Deutschland

Hans-Christian Reuss, Stuttgart, Deutschland

Jochen Wiedemann, Stuttgart, Deutschland

Das Institut für Fahrzeugtechnik Stuttgart (IFS) an der Universität Stuttgart erforscht, entwickelt, appliziert und erprobt, in enger Zusammenarbeit mit der Industrie, Elemente bzw. Technologien aus dem Bereich moderner Fahrzeugkonzepte. Das Institut gliedert sich in die drei Bereiche Kraftfahrwesen, Fahrzeugantriebe und Kraftfahrzeug-Mechatronik. Aufgabe dieser Bereiche ist die Ausarbeitung des Themengebietes im Prüfstandsbetrieb, in Theorie und Simulation. Schwerpunkte des Kraftfahrwesens sind hierbei die Aerodynamik, Akustik (NVH), Fahrdynamik und Fahrermodellierung, Leichtbau, Sicherheit, Kraftübertragung sowie Energie und Thermomanagement – auch in Verbindung mit hybriden und batterieelektrischen Fahrzeugkonzepten. Der Bereich Fahrzeugantriebe widmet sich den Themen Brennverfahrensentwicklung einschließlich Regelungs- und Steuerungskonzeptionen bei zugleich minimierten Emissionen, komplexe Abgasnachbehandlung, Aufladesysteme und -strategien, Hybridsysteme und Betriebsstrategien sowie mechanisch-akustischen Fragestellungen. Themen der Kraftfahrzeug-Mechatronik sind die Antriebsstrangregelung/ Hybride, Elektromobilität, Bordnetz und Energiemanagement, Funktions- und Softwareentwicklung sowie Test und Diagnose. Die Erfüllung dieser Aufgaben wird prüfstandsseitig neben vielem anderen unterstützt durch 19 Motorenprüfstände, zwei Rollenprüfstände, einen 1:1-Fahrsimulator, einen Antriebsstrangprüfstand, einen Thermowindkanal sowie einen 1:1-Aeroakustikwindkanal. Die wissenschaftliche Reihe „Fahrzeugtechnik Universität Stuttgart" präsentiert über die am Institut entstandenen Promotionen die hervorragenden Arbeitsergebnisse der Forschungstätigkeiten am IFS.

Reihe herausgegeben von

Prof. Dr.-Ing. Michael Bargende
Lehrstuhl Fahrzeugantriebe
Institut für Fahrzeugtechnik Stuttgart
Universität Stuttgart
Stuttgart, Deutschland

Prof. Dr.-Ing. Jochen Wiedemann
Lehrstuhl Kraftfahrwesen
Institut für Fahrzeugtechnik Stuttgart
Universität Stuttgart
Stuttgart, Deutschland

Prof. Dr.-Ing. Hans-Christian Reuss
Lehrstuhl Kraftfahrzeugmechatronik
Institut für Fahrzeugtechnik Stuttgart
Universität Stuttgart
Stuttgart, Deutschland

Erwin Brosch

Online-Überwachung elektrischer Antriebsstränge im Prüfstandsumfeld

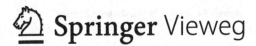 Springer Vieweg

Erwin Brosch
IVK, Fakultät 7, Lehrstuhl für
Kraftfahrzeugmechatronik
Universität Stuttgart
Stuttgart, Deutschland

Zugl.: Dissertation Universität Stuttgart, 2024
D93

ISSN 2567-0042   ISSN 2567-0352   (electronic)
Wissenschaftliche Reihe Fahrzeugtechnik Universität Stuttgart
ISBN 978-3-658-44419-8   ISBN 978-3-658-44420-4   (eBook)
https://doi.org/10.1007/978-3-658-44420-4

Die Deutsche Nationalbibliothek verzeichnet diese Publikation in der Deutschen Nationalbibliografie; detaillierte bibliografische Daten sind im Internet über http://dnb.d-nb.de abrufbar.

Planung/Lektorat: Carina Reibold
Springer Vieweg ist ein Imprint der eingetragenen Gesellschaft Springer Fachmedien Wiesbaden GmbH und ist ein Teil von Springer Nature.
Die Anschrift der Gesellschaft ist: Abraham-Lincoln-Str. 46, 65189 Wiesbaden, Germany

Das Papier dieses Produkts ist recyclebar.

Vorwort

Die vorliegende Arbeit entstand während meiner Tätigkeit als wissenschaftlicher Mitarbeiter am Forschungsinstitut für Kraftfahrwesen und Fahrzeugmotoren Stuttgart (FKFS).

Mein besonderer Dank gilt Herrn Prof. Dr.-Ing. Hans-Christian Reuss für die Ermöglichung und Unterstützung dieser Arbeit.

Für die freundliche Übernahme des Mitberichts danke ich Herrn Prof. Dr.-Ing. Alexander Verl.

Außerdem möchte ich mich bei meinen Vorgesetzten Dr.-Ing. Gerd Baumann und Dr.-Ing. Nicolai Stegmaier bedanken, die durch ihre fortwährende Unterstützung die Arbeit ermöglichten. Gemeinsam mit meinen Kollegen, denen ein besonderer Dank gilt, hatte ich stets ein angenehmes Arbeitsumfeld. Stellvertretend danke ich besonders meinen Kollegen Daniel Trost, Andreas Krätschmer, Daniel Puscher, die mich immer wieder durch Entlastung sowie gutem Rat unterstützten. Das gesamte Team am Antriebsstrangprüfstand und in der Abteilung Mechatronik danke ich für den sehr guten fachlichen wie privaten Austausch.

Mein herzlichster Dank gilt meiner Frau Sabrina und meiner Familie, die immer hinter mir stehen und deren Unterstützung ich zu jeder Zeit habe.

Stuttgart   Erwin Romanus Brosch

Inhaltsverzeichnis

Abbildungsverzeichnis

Tabellenverzeichnis

Abkürzungsverzeichnis

ASM   Asynchronmaschine

CFD   Numerische Strömungsmechanik (engl. *Computational Fluid Dynamics*)

ECU   Steuergerät (engl. *Electronic Control Unit*)
EM   Elektrische Maschine
EVA   Eingabe, Verarbeitung und Ausgabe

FDD   Fehlerdetektion und -diagnose
FDI   Fehlerdetektion und -isolation
FEM   Finite-Elemente-Methode
FMEA   Fehlermöglichkeits- und Einflussanalyse (engl. *Failure Mode and Effects Analysis*)

GA   Genetischer Algorithmus

HV   Hochvolt

MIL   Motorkontrollleuchte

NVH   Hör- oder spürbare Schwingungen (engl. *Noise, Vibration, Harshness*)

OBD   On-Board-Diagnose

PMSM   Permanentmagnet-Synchronmaschine

RBS   Restbussimulation
RMS   Quadratisches Mittel
RMS-Wert   Effektivwert (engl. *Root Mean Square Value*)

RMSE   Mittlere quadratische Abweichung (engl. *Root Mean Squared Error*)

SM   Synchronmaschine

VES   Batteriesimulator (engl. *Vehicle Energy System*)
VKM   Verbrennungskraftmaschine

WLTP   Weltweit harmonisiertes Testverfahren für leichtgewichtige Nutzfahrzeuge (engl. *Worldwide Harmonised Light-Duty Vehicles Test Procedure*)

Symbolverzeichnis

Griechische Buchstaben

α	Temperaturkoeffizient	K^{-1}
η	Wirkungsgrad	-
ϑ	Temperatur	°C
κ	Wärmeleitfähigkeit	W/(m K)
Λ	Thermischer Leitwert	W/K
ν	Variationskoeffizient	-
ξ	Suchraum	-
ρ	Dichte	kg/m^3
ϱ	Q-Korrelationskoeffizient	-
σ	Standardabweichung	-
$\dot{\omega}$	Winkelbeschleunigung	s^2

Indizes

0	Im Bezugspunkt
el	Elektrisch
i, j, k, m ,n	Zählvariablen
In	Eingang
Khl	Kühlung
La	Lager
mag	Magnetisch
max	Maximal
Mess	Messung
min	Minimal
neg	Negativ
Nenn	Nennwert
norm	Normiert
Ohm	Ohmsche Kupferverluste
Out	Ausgang
pos	Postitiv

Rad	Auf das Rad bezogen
Rot	Rotor
Schwing	Schwingung
Sim	Simulation
Sta	Stator
th	Thermisch
Umg	Umgebung
VM	Vordermaschine
Wick	Wicklung bzw. Wickelkopf
Öl	Ölsumpftemperatur

Lateinische Buchstaben

A	Fläche	m^2
B	Magnetische Flussdichte	T
c	Spezifische Wärmekapazität	J/kg K
C	Wärmekapazität	J/K
d	Distanz zweier Zeitreihen	-
f	Frequenz	Hz
h	Wärmeübergangskoeffizient	W/m^2 K
I	Stromstärke	A
J	Trägheitsmoment	kg m²
l	Länge	m
M	Drehmoment	Nm
m	Masse	kg
n	Drehzahl	min^{-1}
P	Leistung	W
Q	Wärmemenge	J
$\dot{Q}$	Wärmefluss	Js^{-1}
R	Widerstand	K/W
r	Radius	m
t	Zeit	s
$\dot{V}$	Volumenstrom	$m^3 s^{-1}$
v	Geschwindigkeit	-
$\boldsymbol{x}$	Zeitreihe	-
x	Einzelwert der Zeitreihe $\boldsymbol{x}$	-

$\bar{x}$	Mittelwert der Zeitreihe x	-
$\tilde{x}$	Median der Zeitreihe x	-
y	Zeitreihe	-
y	Einzelwert der Zeitreihe y	-
$\bar{y}$	Mittelwert der Zeitreihe y	-

Kurzfassung

Prüfstandserprobungen spielen in der Entwicklung von Antriebssträngen eine bedeutende und weiterhin zunehmende Rolle. Tests zur Überprüfung der Spezifikationen des Antriebsstrangs sind von größter Bedeutung, insbesondere in der frühen Entwicklungsphase, wenn noch keine Fahrzeuge und nur wenige prototypische Antriebsstränge verfügbar sind. Um die Grenzen der Spezifikationen auszuloten, ist es unumgänglich, insbesondere die kritischen Betriebspunkte zu erproben. Dabei kann ein fataler Schaden nicht ausgeschlossen werden, wenngleich es dies aufgrund der wertvollen, weil sehr seltenen Prototypen, unbedingt zu vermeiden gilt. Inwiefern die aktuellen Überwachungsmethoden die rechtzeitige Fehlererkennung auch im Hinblick auf die neuen Herausforderungen durch elektrifizierte Antriebsstränge ermöglichen, wird im Rahmen der Arbeit erstmalig betrachtet.

Zu Beginn der Arbeit werden mögliche Schäden der verschiedenen Baugruppen eines elektrischen Antriebsstrangs aufgezeigt und bewertet. Anschließend gibt die Arbeit einen Überblick darüber, welche Überwachungsmethoden aktuell bereits Verwendung finden und woran geforscht wird. Diese Verfahren werden allgemein bewertet und auf Schwachstellen hin untersucht. Ergänzend wird die bereits angewandte Überwachungsmethodik im Hinblick auf mögliche Schäden an elektrischen Achsen untersucht. Bei der erstmaligen Betrachtung dieser neuen Herausforderung werden Überwachungsmethoden auf Basis von Schwingungs- oder Temperatursignalen als besonders wichtig eingestuft. Es wird festgestellt, dass das Potenzial der Überwachung dieser Signale noch nicht ausgeschöpft wird. Darüber hinaus werden Schwachstellen in der Zuverlässigkeit der Signale erkannt.

Zur Optimierung der Überwachungsmethodik werden Referenzsignale benötigt. Dazu wird ein Verfahren zur Auswahl geeigneter Referenzsignale erarbeitet. Aufbauend auf diesem wird eine Weiterentwicklung der bestehenden statistischen Überwachungsmethodik vorgestellt. Ergänzend wird ein Verfahren auf Basis der Fuzzy-Logik entwickelt, welches empirisches Wissen in Form von

Regeln in Überwachungen am Prüfstand überführt. Mit Hilfe eines Beispiels wird die höhere Präzision dieser Überwachungsmethodik veranschaulicht.

Als besonders kritisch wird die Überwachung der Temperaturen der elektrischen Traktionsmaschinen bewertet, da einerseits eine nicht erkannte Übertemperatur fatale Folgen mit sich bringt und andererseits die Überwachungsmethodik auf den zumindest teilweise unzuverlässigen Signalen des Steuergeräts beruht. Durch fehlerhafte Signale kann eine thermische Überlastung in kritischen Betriebspunkten unerkannt bleiben. Darüber hinaus kann ein Fehler in der Temperaturerfassung zu Fehlern der Derating-Funktion führen, was insbesondere im Rahmen der Dauererprobung unweigerlich zu fatalen Schäden führt.

Zur Absicherung der Derating-Funktion sowie der Temperaturüberwachung wird ein zusätzliches Verfahren benötigt. Die vorgestellte Methode basiert auf einem einfachen thermischen Netzwerkmodell, welches unter Zuhilfenahme von genetischen Algorithmen und Daten aus wenigen Messungen aus der Inbetriebnahme parametriert werden kann. Die Methodik lässt sich mit geringfügigem Mehraufwand in den bestehenden Ablauf am Antriebsstrangprüfstand integrieren. Die Modellvalidierung zeigt ausreichend gute Ergebnisse für diese Anwendung, bei gleichzeitig guter Adaptierbarkeit des Modells an zukünftige neue Prototypen.

Die vorgeschlagenen Verbesserungen der Überwachungen tragen erheblich zur Sicherheit bei der Prüfung elektrischer Antriebsstränge bis hin zu deren Belastbarkeitsgrenze bei.

Abstract

Powertrain testing is an essential step within the automotive product development process. It has always been a major challenge to detect damages of prototype powertrains in the first phase of damage occurrence. This is necessary in order not to destroy the valuable prototypes and to generate more meaningful results for development, as faults that are detected too late often lead to consequential damage that renders the original damage mechanism unrecognizable. To ensure this, various monitoring systems are implemented in the real-time system of each drivetrain test bench. These are examined in more detail in this thesis.

The entire automotive industry is currently undergoing a technological transformation from combustion engines towards electric drives. The entire automotive industry is currently undergoing a technological shift away from the combustion engine towards electric drives. While new drivetrain technologies are initially being developed and tested using familiar techniques, methods and tools are now also becoming the focus of research and development. The already great challenge is intensified by the new requirements posed by electrical machines. In particular, electric machines with high power density and ever-increasing speeds raise new challenges in terms of temperatures and vibrations.

The dissertation first asks the question of how suitable today's standard methods of monitoring on test benches are for the timely detection of faults in electric drivetrains during endurance testing. The strengths and, in particular, the weaknesses of the monitoring systems commonly used today are examined.

Based on the evaluation of the current state of research and development, suitable optimizations of early fault detection are created. The particular focus here is on the new challenges resulting from the changeover to electric traction motors.

Literature review

After the introduction to powertrain testing and the allocation of testing to the product development process, the specifics of prototype testing on a test bench are discussed. Both the testing technology and the measurement technology are explained in principle in order to then be able to go into more detail about today's monitoring techniques. These are necessary to avoid fatal damage to components of the drivetrain.

The damage mechanisms of the individual components from the electric traction motor to the transmission and drive shafts to the wheel hub are examined. Based on the current literature, the development of the damage, the effects, the damage itself, the probability of occurrence and the extent of the damge are examined. Both the initial effects and symptoms of damage as well as the critical consequences are considered. It can be stated that unusual changing vibrations and high temperatures can be early signs of various types of damage. Abnormalities in these signals should be monitored in particular.

In the next step the methods commonly used today for monitoring devices under test on drivetrain test benches are presented. These are summarized from the current literature and evaluated with regard to their application on prototype drivetrains.

It is shown that the monitoring and fault detection methods known from the literature can only be partially applied to prototypes. For example, complex observer structures based on elaborate simulation models are hardly feasible, as the necessary detailed knowledge is not available. Furthermore, it is also not possible in terms of time to realize such complex simulations for constantly changing prototypes. Frequency and order analyses are difficult to carry out in real time due to the nature of the principle, and would also require significantly faster sampling and calculation speed.

The early damage detection of drivetrains is not only used on test benches, but is also realized in particular by functions in the electronic control unit (ECU) of cars. This was examined in detail and reviewed for its applicability on the test bench. As complex process monitoring is usually used in the control unit, the challenges are similar to those already mentioned due to the lack of detailed knowledge and the high level of effort involved. Using the monitoring of the control unit itself proves not to be expedient, as its development is also still at the prototype stage and fault detection can therefore not be considered reliable. In addition, it has to be noted that signals and messages from the ECU must always be scrutinized.

Early fault detection mechanisms are also used outside the automotive industry. These are also considered, with a few methods that can be adapted in the future being discussed.

The possible monitoring mechanisms for testing prototype drivetrains are linked to the possible damage. For the first time, the monitoring of electric drivetrains currently used on test benches is examined for its suitability for early fault detection. First of all, it is established that the various temperature signals and vibration level are of the greatest importance for different faults in all subsystems. Further monitoring potential can be exploited by monitoring these signals more precisely.

The unnoticed failure of a temperature or vibration signal is considered critical, but certainly conceivable. As a result, the monitoring associated with the sensor value and therefore the early fault detection methods are inactive. The fatal damage, which must be prevented under all circumstances, can therefore no longer be detected at an early stage.

Faulty temperature values of the electrical machine (EM) are particularly critical, as almost all early detection methods for EM are based on their thermal monitoring. Apart from exceptions in which additional temperature sensors are integrated into the EM, the temperature signals required for fault detection all originate from the ECU of the drive. This can essentially be explained by the unknown development status of the ECU and its software as well as the unknown measurement or monitoring method of the signal values sent by the ECU. A plausibility check of the signals is necessary, but not feasible with previous methods.

Method

The findings of the evaluation of the comprehensive literature research on fault detection in the test bench environment resulted in fields of action for optimizing monitoring. In particular, three essential needs for optimization were identified, which are necessary to make early fault detection more precise and to expand it with regard to EM.

- Vibration signals need to be monitored more precisely in order to detect damage and faults earlier and outside of resonances.

- Temperature signals must be safeguarded in terms of reliability. Furthermore, they need to be monitored more precisely, as well.

- A suitable method for safeguarding the temperature signals of the EM must be found.

For the methods developed in the following, reference signals are required. These reference signals are needed to validate given signals, which requires a small number of signals that are as representative and reliable as possible. A hierarchical clustering method is used for this purpose. First, similar signals are gradually combined into groups. A so-called dendrogram visualizes the distance between the individual groups. With the help of this preliminary work, a test bench engineer can define the number of groups. A particularly reliable signal is selected from each group. This newly developed method of combining a clustering procedure with expert selection combines the advantages of manual and automated selection. Unsupervised clustering allows the comparison of a large number of signals and the identification of groups that might even be overlooked by experts. The selection process by the expert ultimately contributes experience and knowledge. In particular, the reliability and precision of the signals can be better assessed by experts on the basis of experience than by an automated process.

The reliable reference signals found can be used to carry out a detailed plausibility check at standstill. Many sensor errors can be detected by statistically comparing the signals with each other and relating them to the reference signals.

A major disadvantage of the known monitoring with fixed limit values is particularly evident in the case of vibration signals. These vary greatly depending on the operating point and are usually particularly high at just one operating point, in resonance. If irregularities occur in the vibration, these only lead to a limit value being exceeded when resonance is reached. To avoid this in particular, a variable limit value monitoring system based on the reference signal is presented. This enables precise detection of limit value deviations at all operating points. The improvement achieved by this method is demonstrated using an example by monitoring the vibration velocity, but can in principle be applied to all limit value monitoring on test benches.

Another method for detecting even minor deviations is based on fuzzy rules. Using the theory of fuzzy sets, signal values can be classified into ranges that are easier for humans to understand. For example, temperatures can be categorized as cold, warm, hot and very hot. Fuzzy theory allows rules to be applied to the fuzzy ranges. This makes it possible to create sets of rules by experts in the form of if-then relationships and and then apply these to the signals on the test bench. In particular, it is also possible to create a large set of rules in advance and independently of the current test and parameterize them accordingly for the particular device under test. The advantages are demonstrated using temperature signals as an example. The method makes it possible to precisely detect implausibilities, especially when individual signal values are not yet critical. In this way, high temperature peaks can be detected before they occur, for example if a temperature measuring point is warm and continues to heat up even though another measuring point is cold and hardly any heat is being supplied at the same time.

The new procedure makes it possible to easily transfer the experience of test bench experts into monitoring methods. By using fuzzy sets, rather human, somewhat imprecise statements can be used as rules for monitoring for the first time. The procedure was explained using the example of temperature monitoring of a gearbox in an electric drivetrain and can be applied in the same way to a wide variety of signals.

During the evaluation of fault detection on electric traction machines, it became apparent for the first time that the unknown measurement chain of the important temperature signals of the EM must be considered critical. The most important signals for the early detection of damage to the EM are unreliable and cannot be checked for plausibility, as their measurement chain is unknown. A plausibility check that is completely independent of the control unit is necessary.

Since a redundant sensor solution is difficult to use for various reasons, it is essential to implement a simulation to monitor the temperatures. Thermal network models, which are based on the analogy of thermal and electrical processes, are suitable for the given requirements.

A simple 3-node model was developed, which depicts the basic thermal processes of the rotor and stator. Possible additions are shown in an extended thermal model. The easy-to-understand thermal network models make it possible to adapt the model to the current prototype and the associated existing knowledge. In addition, it is also possible to react to future innovations.

Each heat source, heat sink and heat transfer involves at least one parameter which has to be defined. In any case, at least some parameters are partially unknown. Determining these is a major challenge, as little detailed knowledge of prototypes is available.

Initially, the general knowledge researched as part of the work, as well as the particular known knowledge of the current prototype, is used to minimize the parameter search space. Only a small amount of measurement data is required to determine the parameters and it is not necessary to create dedicated measurements for this purpose. The measurements taken during the supervised start-up are sufficient and suitable as training data for an optimization algorithm.

Genetic algorithms are proposed as the optimization algorithm for the parameter search. The high computing power required for the search algorithm can easily be provided on a computer external to the test bench. Once the model with the parameters found has been finalized, it is simulated in real time at on the test bench runtime system with low computing power. A plausibility check can be carried out by comparing the simulation with possibly erroneous measurement data from the control unit. In addition, it is also possible to monitor whether degradation, i.e. a reduction in performance for component protection, occurs at critical temperatures.

As an example, thermal simulations of two permanent magnet synchronous machines are compared with measurements. Good simulation results can be achieved in both cases. Although there are small deviations in some cases, these are still tolerable and even out over time. The phase offset between simulation and real measurement, which is especially critical for monitoring applications, is almost non-existent. Overall, the models presented show very well that the simulation is well suited to check the plausibility of the EM temperatures and to monitor the onset of degradation.

Conclusion

The entire new method for the early detection of faults in electric drivetrains can be easily integrated into the standard procedure considering the usual processes, such as start-up under supervision and subsequent unsupervised endurance testing. Once the methodology has been implemented, the testing procedures change only slightly. The method takes into account special features of test benches, such as the simple availability of computing power outside of real-time computers on the one hand and the severely limited computing power during real-time control by the automation system on the other.

In addition to their applicability to electric drivetrain test benches, the methods presented can also be transferred to other test benches. Other methods for monitoring prototypes or individual electrical systems are also possible in a similar way. Additional monitoring can be realized in this way, especially when monitoring electrical machines with dynamic loads.

1 Einleitung

Die derzeitige Transformation der Automobilindustrie weg von der Verbrennungskraftmaschine (VKM) hin zum elektrischen Antrieb führt zu grundlegenden Veränderungen in der Fahrzeugentwicklung. Die gesamte Entwicklung des Antriebsstrangs wird neu gedacht. Der Wandel hin zu elektrischen Traktionsmotoren revolutioniert nicht nur die Antriebsstrangentwicklung, sondern hat Auswirkungen auf fast alle Bereiche der Fahrzeugentwicklung und -erprobung.

Wie rasant die Veränderung ist, zeigt der globale Marktanteil elektrischer Fahrzeuge. Im Jahr 2016 lag dieser noch unter einem Prozent [81], aber stetig wachsend. Die weltweiten Verkaufszahlen elektrischer Fahrzeuge weisen, ausgenommen der Covid-19-Jahre, Wachstumsraten von über 50 % auf [81]. Die Einschätzungen zukünftiger weltweiter Marktpotenziale elektrischer Traktionsmotoren, wie sie in Abbildung 1.1 nach [162] dargestellt ist, unterstreicht den anhaltenden Trend.

Innerhalb kürzester Zeit wurde nicht nur der Entwicklungsschwerpunkt, sondern auch der Fokus der Erprobung von der VKM auf den elektrischen Antriebsstrang verlagert. Trotz des essentiellen Wandels hinsichtlich der Prüflinge in der Erprobung blieben anfangs Methoden und Werkzeuge unverändert. Der nächste notwendige Schritt besteht nun darin, Methoden und Werkzeuge im Hinblick auf die neuen Gegebenheiten und Herausforderungen anzupassen.

Unabhängig von der Elektrifizierung des Antriebsstrangs zeichnet sich seit Jahren ein Trend zur Verlagerung von der althergebrachten domänenspezifischen Entwicklung und Optimierung auf Komponentenebene hin zur systembasierten Komponentenoptimierung über Bauteilgrenzen hinweg ab [4, 66]. Angesichts der komplexen Vernetzungen und Wechselwirkungen zwischen den verschiedenen mechanischen und elektrischen Komponenten und deren Steuergeräten (ECUs) ist diese Entwicklung auch unumgänglich [4, 57]. Die Bedeutung der Antriebsstrangerprobung nimmt dadurch immer weiter zu.

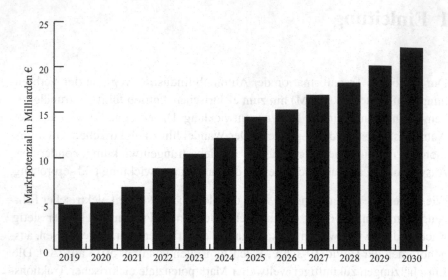

Abbildung 1.1: Weltweites Marktpotenzial für Traktionsmotoren in Fahrzeugen nach [162]

Darüber hinaus wird das Ziel weiterverfolgt, immer mehr Prototypentests von „der Straße" auf den Prüfstand zu verlagern [63, 66]. Die Kosten von Prototypen übersteigen die Kosten späterer Serienprodukte um ein Vielfaches. Die geringe Anzahl an Prototypen unterstreicht den hohen Wert eines einzelnen Prototyps. Nicht nur der kaum zu beziffernde monetäre Wert eines Prototyps zeigt die Bedeutung des Schutzes vor fatalen Schäden. Der Zeitdruck in der Entwicklung, gepaart mit der Tatsache, dass der Bau eines Ersatzprototyps enormen Aufwand bedeutet, wiegen oft noch schwerer. Zweifellos sind Schäden an Prototypen im Rahmen der Erprobung unvermeidbar und ein legitimes Ergebnis, allerdings gefährden nicht erkannte Fehler die Erkenntnis zu den Schäden und damit das gesamte Testergebnis. Fatale Schäden, die den Prüfling zerstören, sind unbedingt zu vermeiden. Ein Schaden sollte so früh wie möglich erkannt werden um die Auswertbarkeit und damit die Verwendbarkeit der Ergebnisse zu maximieren. Dies zu erreichen erfordert Optimierungen und neue Ansätze in der Überwachungsmethodik.

1.1 Motivation

Im Rahmen der Anforderungsanalyse für eine bevorstehende Prüfstandserprobung eines prototypischen Antriebsstrangs werden an Ingenieure aus dem
Prüfstandsumfeld zwei in Teilen widersprüchliche Anforderungen gestellt. Einerseits wollen die Entwicklungsingenieure die Grenzen des neu entwickelten
Prototyps ausloten und dafür zahlreiche Versuche im Grenzbereich durchführen,
anderseits muss ein schwerwiegender Schaden unbedingt vermieden werden.
Da aber gerade im Grenzbereich mit Schäden zu rechnen ist, können die Ziele
nur durch eine präzise Methode zur Fehlerfrüherkennung erreicht werden.

Die Herausforderung, einen stabilen Prüfstandsbetrieb herzustellen und gleichzeitig die Grenzen so eng zu setzen, dass fatale Schäden in jedem Fall vermieden
werden, ist seit langem bekannt und dennoch eine Herausforderung in der Umsetzung. Es geht nicht nur darum, den womöglich einzigartigen Prototyp nicht
zu zerstören, vielmehr geht es darum, sicherzustellen, dass ein Schaden aufgearbeitet werden kann. Nicht oder zu spät erkannte Fehler führen meist zu
Folgeschäden, die Diagnosen im Nachhinein erschweren oder gar unmöglich
machen.

Die Frage nach Möglichkeiten der automatisierten frühzeitigen Erkennung,
ob eine Reparatur oder ein Service eines Fahrzeuges nötig ist, nimmt in der
Kraftfahrzeugforschung einen wachsenden Stellenwert ein, allerdings vor einem
anderen Hintergrund. Im Hinblick auf autonome Fahrzeuge muss ein Fahrzeug
selbstständig erkennen können, ob ein Werkstattbesuch nötig ist. Dazu müssen
Fehler am Antrieb so früh wie möglich erkannt werden. [169]

Gegenüber der Fahrzeug-on-Board-Diagnose sind die Möglichkeiten an einem
Prüfstand noch besser. Die Messeinrichtungen an Prüfständen sind um ein
Vielfaches umfangreicher und genauer, da hier nicht der Kostendruck wie in der
Fahrzeugentwicklung herrscht. In [43, 158] wird von Kosten für einen Sensor
in Fahrzeugen von unter \$3 und Gesamtkosten für alle Sensoren im einem
Fahrzeug von meist weniger als \$1000 gesprochen, im Prüfstandsumfeld sind
einzelne Sensoren bereits um ein Vielfaches teurer. Neben den hochwertigen
Messeinrichtungen ist auch eine leistungsfähigere Rechentechnik und insgesamt
eine bessere Ausstattung verfügbar. [108]

1.2 Forschungsbedarf

Durch den schnellen Technologiewandel in der Fahrzeugbranche sowie die zusätzlichen neuen Herausforderungen am Antriebsstrangprüfstand ist es nötig, die herkömmlichen Methoden auf ihre Tauglichkeit in diesem sich wandelnden Umfeld zu überprüfen. Die aktuellen Methoden der Überwachung werden aufgearbeitet und auf mögliche Schwachstellen untersucht. Die durch die elektrische Traktionsmaschinen neuen Herausforderungen in der Antriebsstrangerprobung werden analysiert. Die Bewertung der Fehlerdetektionsmechanismen aufgrund der neuen Herausforderungen durch elektrische Achsen unter Anwendung der aktuellen Überwachungsmethodik ist die erste zentrale Frage der vorliegenden Arbeit.

In der direkten Folge ergibt sich die zweite Fragestellung: Welche Maßnahmen sind zu ergreifen, um die festgestellten Schwachstellen der Überwachungsmethoden zu beseitigen? Dabei sollen die Schwachstellen der Überwachungsmethodik im Allgemeinen überarbeitet werden. Im Anschluss soll auf die neuen Herausforderungen der elektrischen Antriebsstränge eingegangen werden. Welche Methoden lassen sich optimieren, welche müssen neu gedacht werden? Das Ziel sind allgemeingültige, für Prüfstandsanwendungen anpassbare, präzise Überwachungsmethoden, die Fehler des Prüflings zuverlässig erkennen, bevor fatale Schäden diesen zerstören.

Dabei sind auch für neue Methoden die Randbedingungen einzuhalten. Im Rahmen dieser Arbeit wird davon ausgegangen, dass keine erweiterte Messtechnik verfügbar ist. Eine Modifikation des Prüflings ist nicht möglich, wodurch nicht davon ausgegangen werden kann, dass zusätzliche Sensoren im Prüfling angebracht werden können. Das bedeutet auch, dass im Regelfall keine Strom- und Spannungsmessung an der elektrischen Maschine möglich ist, denn Inverter und Maschine sind als Einheit zu sehen. Darüber hinaus gilt nach [58] eine transparente Überwachungsmethodik als grundsätzliche Randbedingung auch für neue Methoden im Bereich der Erprobung an Prüfständen.

1.3 Aufbau der Arbeit

Nach einer kurzen Einführung in die Erprobung von Antriebssträngen an Prüfständen wird in Kapitel 2 die Überwachung von Prüfläufen allgemein erläutert. Dabei wird auf die Verfügbarkeit von Messsignalen und die Möglichkeiten der Überwachung am Prüfstand sowie auf deren grundsätzliche Stärken und Schwächen eingegangen. Hiernach wird ein Überblick über ergänzende Methoden aus anderen Fachbereichen erörtert. Neben der Überwachung gilt das zweite Hauptaugenmerk des Kapitels den möglichen Schäden an elektrischen Antriebssträngen. Diese werden bauteilselektiv beschrieben.

In Kapitel 3 werden die notwendigen Grundlagen der Statistik und der Fuzzy-Methodik für Kapitel 5 geschaffen. Weiterhin werden die Grundlagen der thermischen Netzwerkmodelle und die Optimierungsmethode mit Genetischen Algorithmen (GA), die in Kapitel 6 zur Anwendung kommen, beschrieben.

In Kapitel 4 werden die Überwachungsmethoden im Hinblick auf die Detektion möglicher Schäden bewertet. Es wird ein Überblick gegeben, welche Fehler sich wie auswirken und wie diese mit der gängigen Überwachung detektiert werden können. Damit wird der Frage nachgegangen, inwieweit die aktuellen Überwachungsmethoden ausreichen und inwiefern Handlungsbedarf besteht.

Das 5. Kapitel beschreibt grundlegende Ergänzungen zu den bestehenden Überwachungsmethoden. Diese basieren auf Referenzsignalen, statistischen Methoden sowie Fuzzy-Logiken. Die neue Überwachungsmethodik ist besonders geeignet um die kritischen Temperatur- und Schwingungssignale zu überwachen. Die Detektion von Fehlern des Prüflings wird dadurch präziser und zuverlässiger zugleich. Erstmals wird die Erstellung und Parametrierung der Überwachung systematisch in den Prozess der Antriebsstrangerprobung am Prüfstand eingeordnet.

Im 6. Kapitel wird ein thermisches Modell der Elektrischen Maschine (EM) eingeführt und es werden mögliche Erweiterungen diskutiert. Die Parametrierung des Modells wird durch Optimierung mittels evolutionärer Methoden durchgeführt. Unter Verwendung dieses Modells ist erstmals eine Plausibilisierung und Überwachung der Temperaturen der EM durch den Prüfstand möglich.

Die Arbeit schließt mit einer zusammenfassenden Schlussbetrachtung, in der die Ergebnisse in die aktuelle Forschung eingeordnet werden. Die Implikationen der Ergebnisse für die Forschung und die Praxis werden aufgezeigt und um einen Ausblick ergänzt.

2 Stand der Technik

In diesem Kapitel wird auf den aktuellen Stand der Technik in den für die Arbeit relevanten Bereichen eingegangen. Zu Beginn wird die Antriebsstrangentwicklung und -erprobung grundsätzlich erklärt. Dazu wird auf die technischen Rahmenbedingungen an einem Antriebsstrangprüfstand eingegangen.

Der darauffolgende Abschnitt gibt einen Überblick über die zu erwartenden Fehler und Defekte an elektrischen Antriebssträngen. Dabei wird auf die Besonderheiten bei der Prüfstandserprobung eingegangen. Im dritten Abschnitt wird auf die üblicherweise am Prüfstand eingesetzten Arten der Überwachung und Fehlerfrüherkennung eingegangen. Die unterschiedlichen Herangehensweisen und Methoden werden aufgezeigt. Die Vor- und Nachteile sowie die Grenzen des Systems werden erläutert.

Neben den Methoden aus der Antriebsstrangentwicklung werden auch Methoden aus anderen Fachgebieten vorgestellt. Es finden sich hier einige interessante und häufig bereits in industriellen Anwendungen realisierte Methoden.

Am Ende des Kapitels werden die verfügbaren Techniken im Hinblick auf die Anwendung zur Fehlerdetektion kritisch bewertet.

2.1 Entwicklung und Erprobung elektrischer Antriebsstränge

Nach einer kurzen Erläuterung, was unter einem elektrischen Antriebsstrang zu verstehen ist, wird auf den Produktentstehungsprozess eingegangen. Der Zusammenhang zwischen der Entwicklung und der Erprobung wird beschrieben. Nach einer Erklärung der Durchführung der im Fokus stehende Dauerlauferprobung wird auf die Anwendung der Erprobung am Prüfstand eingegangen. Dazu werden die Grundlagen des Prüfstandes erläutert und insbesondere auf die Messtechnik und das Prozessleitsystem eingegangen.

© Der/die Autor(en), exklusiv lizenziert an
Springer Fachmedien Wiesbaden GmbH, ein Teil von Springer Nature 2024
E. Brosch, *Online-Überwachung elektrischer Antriebsstränge im Prüfstandsumfeld*, Wissenschaftliche Reihe Fahrzeugtechnik
Universität Stuttgart, https://doi.org/10.1007/978-3-658-44420-4_2

2.1.1 Elektrischer Antriebsstrang

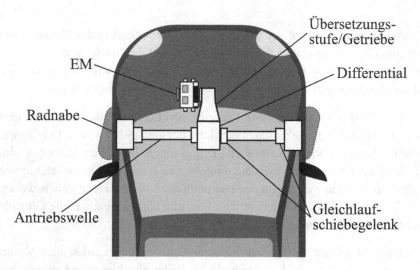

Abbildung 2.1: Übersicht Elektrische Achse

Abbildung 2.1 zeigt exemplarisch eine elektrische Achse. Diese beinhaltet eine EM, Getriebe zur Drehzahlanpassung sowie ein Differenzial zur Drehmomentverteilung an die beiden Räder. Die sich im Kraftfluss befindlichen Antriebswellen zählen ebenfalls zum Antriebsstrang. Die Systemgrenze ist die Radnabe, also die Verbindung zum Reifen, bzw. am Prüfstand die Verbindung zur Radmaschine. Im Rahmen dieser Arbeit werden die typischerweise am Antriebsstrangprüfstand geltenden Systemgrenzen angewendet. Dies bedeutet:

- Die bzgl. der Erprobung relevante Systemgrenze an der elektrischen Maschine liegt unmittelbar am Ausgang der Maschine. Das bedeutet weder Inverter noch Steuergeräte stehen im Fokus der Erprobung.

- Aus dem obigen Punkt ergibt sich, dass weder die reale Fahrzeugbatterie noch die am Prüfstand übliche Batteriesimulation als Teil des Antriebsstrangs gelten.

- Da elektrische Maschinen aufgrund ihres hohen verfügbaren Drehmoments ab Drehzahl Null keine Anfahrelemente wie Reibkupplungen oder hydrodynamische Wandler benötigen, werden diese nicht näher betrachtet.[1]

Dieser bereits heute häufig verwendete elektrische Antriebsstrang erfreut sich immer größerer Beliebtheit und soll als Grundlage der Arbeit dienen [149]. Darüber hinaus existieren viele weitere Konfigurationen eines elektrischen Antriebsstrangs, beispielsweise als Kombination zweier Achsen, um ein Allradfahrzeug zu realisieren. Es existieren auch Radnabenmotoren oder Einzelradantriebe, die sich wiederum untereinander oder mit einer gesamten Achse kombinieren lassen. Eine gute Übersicht über die vorkommenden Realisierungen findet sich in [95]. Im Hinblick auf die Fehler und die Überwachung beinhaltet eine komplette Achse alle relevanten Komponenten. Die Erkenntnisse lassen sich auf eine zweite Achse oder einen Radantrieb ohne Übersetzungsstufe entsprechend übertragen.

2.1.2 Entwicklungs- und Erprobungsstrategie in der Produktentstehung

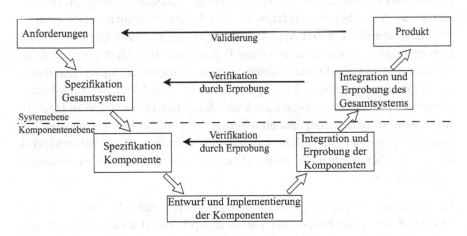

Abbildung 2.2: V-Modell des Produktentstehungsprozess nach [179]

---

[1]Es existieren, meist aus einer Umrüstung entstandene, Elektrofahrzeuge, die ein Anfahrelement besitzen.

Der gesamte Produktentstehungsprozess in der Automobilbranche folgt dem
V-Modell gemäß Abbildung 2.2. Nachdem aus den Anforderungen das Systemdesign entwickelt und simuliert wurde, folgt die Komponentenentwicklung,
die direkt übergeht in den rechten Zweig der Systemintegration und Erprobung. Beginnend mit den Komponentenerprobungen werden nach und nach
höher integrierte Systeme erprobt. Die Antriebsstrangerprobung liegt in dieser
Hierarchie zwischen den finalen Erprobungen im Fahrzeug und den letzten
Tests auf Komponenten- oder Teilsystemebene, wie beispielsweise die sogenannten *Back-to-Back-Tests* zur reinen EM-Erprobung. Die Bedeutung der
Antriebsstrangerprobung steigt dabei stetig aus zweierlei Gründen. Früher war
die Entwicklung der VKM das zentrale Thema der Antriebsstrangentwicklung,
was zu sehr vielen Tests an VKM-Prüfständen führte. Anschließend wurde
lediglich ein Integrations- und Gesamtsystemtest an einem Antriebsstrangprüfstand ergänzt. Die EM-Entwicklung nimmt nicht diesen Platz ein, sondern
es wird schneller integriert und als Gesamtsystem getestet. Gleichzeitig ist
der noch zu Hochzeiten der VKM entstandene Road-to-Rig-Trend[2] ungebrochen. [41, 64, 129, 152]

Neben den im Rahmen dieser Arbeit im Fokus stehenden Dauererprobungen
werden an Antriebsstrangprüfständen auch Inbetriebnahmen von Systemen,
Funktionserprobungen und Applikationen durchgeführt [94]. Die Dauererprobungen ausgenommen haben alle diese Prüfabläufe einen niedrigen Automatisierungsgrad gemein. Damit verbunden ist eine dauerhafte Supervision durch
die am Prüfstand anwesenden Experten. Der höchste Stellenwert der Erprobungen kommt der Betriebsfestigkeit und damit den Dauerläufen zu [11, 34].
Im Gegensatz zu den erstgenannten Versuchen wird bei der sogenannten Lebensdauererprobung nicht dauerhaft manuell überwacht. Der Prüfstand wird
unbemannt über Wochen betrieben und auftretende Fehler müssen automatisiert
erkannt werden.

Bei Dauerläufen werden Prüfprogramme gefahren, welche die Haltbarkeit entsprechend der vorher bestimmten Lasten überprüfen. Abbildung 2.3 stellt dar,
wie aus den Anforderungen ein Prüfprogramm entsteht. Aus der Entwicklung
stammen Lastenhefte mit Zielwerten für die Belastbarkeit des Antriebsstrangs.
Zusätzlich werden Erprobungsszenarien aus vorangegangenen Projekten sowie

---

[2]Engl.: Von der Straße auf den Prüfstand.

Simulationsergebnisse mit einbezogen. Daraus wird ein Lastkollektiv abgeleitet, das die Verweildauer in verschiedenen Lastbereichen definiert. Um eine Zeitersparnis bei der Erprobung zu erreichen, wird das Lastkollektiv einer sogenannten Raffung unterzogen. Dabei wird die gesamte Verweildauer verringert und die Last entsprechend angehoben. Diese Möglichkeit ergibt sich aus der Betriebsfestigkeitslehre und wird in [187] für Getriebe beschrieben. Aus dem Lastkollektiv wird ein Prüfprogramm erstellt. Der gesamte Prüflauf setzt sich aus einem oder mehreren sich wiederholenden Prüfprogrammen zusammen. Die sich ergebenden zu wiederholenden Abschnitte werden Zyklen genannt.

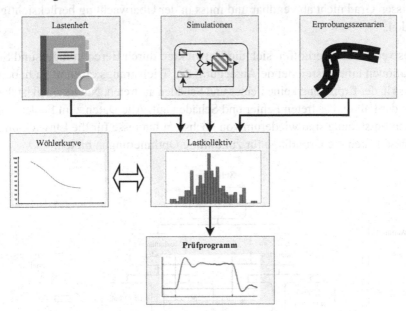

Abbildung 2.3: Erzeugung eines Prüfprogramms in Anlehnung an [146]

Das Prüfprogramm dient als Sollwertvorgabe für den Prüfstand. Die Vorgaben sind Sollwerte über der Zeit, wobei sich die Art der Sollwerte unterscheidet. In der frühen Entwicklungsphase werden eher statische Prüfprogramme mit Drehzahl- und Drehmomentvorgaben für die antreibende und bremsende Maschine verwendet. Später folgen synthetische Vorgaben in Form von Fahrpedalsollwerten. Zuletzt werden dynamische Prüfläufe gefahren, mit Streckenverläufen und Geschwindigkeitsprofilen als Vorgaben, die durch Fahrerregler und

Simulationen eingeregelt werden. Diese dynamischen Dauerlauferprobungen stellen in vielerlei Hinsicht den höchsten Schwierigkeitsgrad dar [146]. Es werden komplexe Echtzeit-Simulationen für Fahrer, Fahrzeug, Straßenlast und möglicherweise weitere nicht vorhandene Subelemente des Fahrzeugs benötigt. Die hohe Dynamik des Fahrprogramms stellt höchste Anforderungen an Prüfling und Prüftechnik. Auch aus Sicht der Prüfstandsüberwachung sind dynamische Prüfläufe sehr herausfordernd. Einerseits sollten besonders hier enge Grenzen gelten, andererseits ergibt sich durch die hohen Gradienten unweigerlich ein Überschwingen beim Einregeln der Sollwerte. Dies ist bis zu einem gewissen Grad nicht abwendbar und muss in der Überwachung berücksichtigt werden.

Selbstverständlich erhoffen sich die Entwickler, durch Berechnungen und Simulationen eine ausreichende Auslegung des Triebstrangs erreicht zu haben, sodass in der Erprobung keine Fehler und Schäden auftreten. Naturgemäß ist das nicht der Fall und es treten Fehler und Schäden auf. Alle Daten zum Fehler und dessen Entstehung sind wiederum von höchstem Interesse für die Entwicklung, da diese Daten die Grundlage für zukünftige Optimierungen bieten.

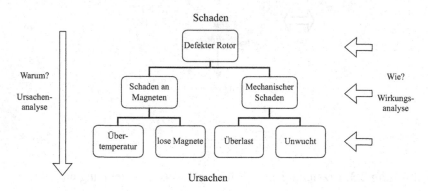

Abbildung 2.4: Beispiel Rotorschaden: Fehlerursachen und Fehlerauswirkung in Anlehnung an [168]

Ziel der Entwickler ist es, den Ausfallgrund zu erfahren. Am Beispiel eines Rotorschadens wird die Ursachenanalyse in Abbildung 2.4 gezeigt. Ausgehend vom Ausfall des Teilsystems wird die Ursache gesucht, also eine sogenannte

Top-Down-Analyse. Die Fehleranalyse ist eine wesentliche Aufgabe der Entwickler. Am Prüfstand stellt sich eher die Frage, welche Symptome es gibt, sodass die Ursachen eines Fehlers erkannt werden können. [168]

2.1.3 Mess- und Prüftechnik für Antriebsstrangerprobungen

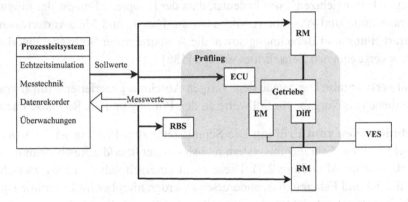

Abbildung 2.5: Schematische Übersicht über einen Antriebsstrangprüfstand nach [164, 175]

Die Antriebsstrangprüfstände haben ihren Ursprung in der Betriebsfestigkeitserprobung von rein mechanischen Getrieben und wurden allmählich den veränderten Anforderungen im Hinblick auf Elektrifizierung angepasst [20]. Um immer realitätsnäher zu testen, wurde entweder eine VKM simuliert oder direkt mit aufgebaut. Abbildung 2.5 zeigt schematisch die elektrische Achse aus Abbildung 2.1 auf einem Antriebsstrangprüfstand. Die Radmaschinen (RM) dienen als Lastmaschinen für den Prüfling. Im Bild ist eine elektrische Achse als Prüfling zu sehen, bei der die EM als Eintriebsmaschine dient. Grundsätzlich kann der Eintrieb des Antriebsstranges auch durch eine VKM oder eine Prüfstandsmaschine, die den Prüflingsmotor simuliert, realisiert werden [21, 128]. Für die elektrischen Antriebsstränge wird zusätzlich noch ein Batteriesimulator (engl. *Vehicle Energy System*) (VES) benötigt. Vom Aufbau einer realen Fahrzeugtraktionsbatterie wird am Prüfstand aus zweierlei Gründen abgesehen. Zum einen wäre bei den hohen Lastanforderungen viel zu häufiges Laden

nötig, zum anderen wäre eine mögliche Havarie einer Batterie eine große Ge-
fahr [106, 163]. Eine Gleichspannungsquelle, deren Sollwert durch eine VES
gesteuert wird, bietet hierfür eine gute Alternative [4]. Einige Beispiele für
Antriebsstrangprüfstände finden sich in [20, 47, 188, 195].

Das Prozessleitsystem übernimmt die Steuerungs- und Regelungsfunktionen
sowie die Datenverarbeitung und -speicherung. Dabei läuft die Prüfstandssteuerung in harter Echtzeit[3], was bedeutet, dass der komplette Prozess der Eingabe,
Verarbeitung und Ausgabe (EVA), also die Daten- und Messwerterfassung,
-verarbeitung und Berechnung sowie die Ausgabe neuer Sollwerte innerhalb
eines vorgegebenen Zeitschrittes erfolgt. [138]

Sollwertvorgabe Die gemäß dem vorigen Abschnitt generierten Prüfprogramme dienen als Vorgabe für Sollwerte an den Prüfling und die Radmaschinen.

Schnittstellen zum Prüfling Die Schnittstelle zum Prüfling wird entweder
direkt über ein Fahrzeugbussystem realisiert, oder über die Restbussimulation
(RBS) (siehe Abbildung 2.5). Diese dient einerseits als Gateway zwischen
Prüfstand und Fahrzeugbus, andererseits werden hierüber im Zusammenspiel
mit dem Prüfstand nicht vorhandene Steuergeräte simuliert. [129]

Simulationen Nichtvorhandene Teile des Fahrzeugs, beispielsweise die Hochvolt (HV)-Batterie und respektive die Sollwerte für das VES sowie die Straße
und der Fahrer werden in Echtzeit simuliert.

Peripheriegeräte Die Ansteuerung und teilweise auch Regelung der Haustech-
nik wie Kühlung, Lüftung sowie externe Messeinrichtungen oder Beistellgeräte
werden ebenfalls vom Prozessleitsystem angesteuert.

Messdatenerfassung Jedem Prozessleitsystem ist eine Messeinrichtung zugehörig, die zu Beginn eines jeden festen Zeitschrittes neue Werte erfasst. Jeder
Wert kann aufgezeichnet werden, sodass Zeitreihen mit einer festen Abtastzeit
entstehen.

Überwachung Die gesamte Überwachungsfunktion sowie die zugehörige Reaktion, wie das gezielte und definierte Herunterfahren der Sollwerte, kann nur von

---

[3]Es existiert auch eine weiche Echtzeit, welche lediglich als Ziel hat, den EVA-Prozess
innerhalb des Zeitschritts zu beenden.

dem Echtzeitsystem realisiert werden, da nur hier alle Daten und Funktionen zusammenlaufen.

Sicherheitssteuerung Das Sicherheitssystem zum Personenschutz ist mit der Prüfstandssteuerung verbunden, allerdings hat ein Notaus auch die Möglichkeit, das gesamte System abzuschalten. In diesem Fall wäre das Herunterfahren allerdings unkontrolliert.

Üblicherweise gibt es mehrere feste Echtzeittaktraten, meist in den Schritten 1 Hz, 10 Hz und 100 Hz, sodass je nach Prozess die geeignete Frequenz gewählt werden kann. Flohr und Schenk beschreiben, dass Messsysteme mit 100 Hz arbeiten und die Taktraten nur selten über 1 kHz steigen [44, 146]. Komplexere Simulationen wie die bei [164] erläuterten Reifenschlupfsimulationen benötigen zwingend höhere Rechenfrequenzen, sodass teilweise bis zu 10 kHz vorkommen. Allerdings sind die hohen Frequenzen nur für dedizierte Simulationen möglich, da sonst nicht genügend Rechenleistung zur Verfügung steht. Realistisch sind Messdatenaufzeichnungen und Überwachungsfunktionen bis 1 kHz. Diese aus Sicht der Prüfstandsautomatisierung hohe Taktfrequenz ist im Hinblick auf Strom- und Spannungsmessungen sowie der Erfassung von Beschleunigungswerten sehr gering, sodass nur Effektivwerte (RMS-Werte) erfasst werden können.

Obwohl Inverter und Steuergerät nicht als Teil des Triebstrangs gelten, werden diese laut Abschnitt 2.1.1 im Rahmen von Prüfstandserprobungen mit aufgebaut und betrieben. Die Eingangs- oder Sollgrößen sind damit eine Eintriebsdrehzahl oder ein Eintriebsdrehmoment oder gar auf höherer Abstraktionsebene die Fahrzeuggrößen Fahrpedal und Bremse.

2.2 Schadensmechanismen

Um Überwachungen präzise zu definieren, ist es nötig, die erwartbaren Schäden zu kennen. Eine umfangreiche Literaturrecherche zeigt die bekannten Schadensmechanismen an Antriebssträngen auf. Dabei wird auf die Entstehung, die Möglichkeit der Erkennung, sowie die Kritikalität der Fehler eingegangen.

Da bei der Betriebsfestigkeitserprobung nicht mit Alterungseffekten oder stand-zeitbedingten Schäden zu rechnen ist, wird auf diese Schadensarten nicht näher eingegangen.

2.2.1 Elektrische Maschine

Ein besonderes Augenmerk wird auf die möglichen Schäden der ursprünglich bei der Antriebsstrangerprobung noch nicht bedachten elektrischen Maschinen gelegt. Abbildung 2.6 gibt einen groben Überblick über die verschiedenen elektrischen Maschinen.

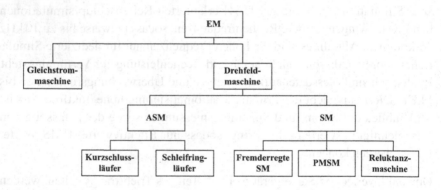

Abbildung 2.6: Übersicht: Arten der elektrischen Maschinen nach [67]

Neben den als Traktionsmaschinen nicht verwendeten Gleichstrommaschinen, existieren eine Reihe verschiedener Drehfeldmaschinen, die alle mehr oder we-niger häufig in elektrischen Antrieben Verwendung finden, wobei Kurzschluss-läufer-Asynchronmaschinen (ASM), sowie fremderregte Synchronmaschinen (SM) aufgrund der nötigen Schleifringe ebenfalls selten zum Einsatz kommen. Aufgrund ihres einfachen und stabilen Aufbaus findet die Kurzschlussläufer-ASM nach wie vor ihren Einsatz als Traktionsmaschine. Im allgemeinen stellt Agamloh in [1] einen klaren Trend zu mehr Leistung und insbesondere höherer Leistungsdichte fest. Dies führt unweigerlich zur SM mit Permanentmagne-ten auf dem Rotor oder zur Reluktanzmaschine sowie Kombinationen. Die immer höheren Leistungen pro Gewicht und Volumen bringen immer sportli-

chere Fahrzeuge mit sich, deren Nutzungsweise nachweislich zu mehr Schäden
führt. [62]

Grundsätzlich lassen sich viele Schadensmechanismen maschinenübergreifend
erläutern. Alle Drehfeldmaschinen haben einen ähnlich aufgebauten Stator. Der
Rotor einer Kurzschlussläufer-ASM besteht im Wesentlichen aus weichma-
gnetischem Blechpaketen, die auch in den anderen Maschinen ihre Anwendung finden. Die zusätzlichen Magnete auf dem Rotor der Permanentmagnet-
Synchronmaschine (PMSM) steigern die Anzahl möglicher Fehlerquellen. Aus
diesem Grund werden in den folgenden Abschnitten die möglichen Fehler
nicht anhand der Maschinenart, sondern anhand der Bauteilart kategorisiert und
betrachtet. [42, 67, 161]

Stator

Grundsätzlich sind die Statoren der unterschiedlichen Arten von Drehfeldmaschinen gleich aufgebaut. Auf den aus weichmagnetischen Blechen bestehenden
Grundkörper werden Spulen gewickelt. Im Fall von Einzelzahnwicklungen sind
dies senkrecht zur Drehachse stehende Spulen. Meist werden verteilte Wicklungen verbaut, die durch Nuten im Blechpaket geführt werden und durch
andere Nuten wieder zurückgeführt werden. Die Stelle, an der die Wicklungen
umgelenkt werden, nennt man Wickelkopf. [36]

Schäden am Blechpaket treten eher selten und nur bei starker Überlast und
insbesondere bei starken von außen auf den Stator wirkenden Kräften auf. Es
kann dabei zu Verformungen und Rissen und im Extremfall sogar zu Brü-
chen im Blechpaket kommen [73]. Von außen wirkende Kräfte treten in der
Fahrzeuganwendung durch Fahrbahnunebenheiten auf, allerdings nicht in der
Antriebsstrangerprobung am Prüfstand.

Isolationsfehler in den Wicklungen sind die häufigsten Fehler an elektrischen
Maschinen [168]. Bleiben die Anzeichen unentdeckt und es kommt zu einem
vollständigen Isolationsfehler, so gibt es einen Kurzschluss zwischen zwei Windungen, zwei Phasen oder einen Schluss nach Masse. In jedem dieser Fälle
kommt es zu einer fatalen Kettenreaktion, die lokal zu einer sehr großen Strom-
stärke führt. Diese wiederum erzeugt lokal große Hitze, welche die Isolation

weiter stark schädigt. Schlussendlich kommt es zu einem fatalen Defekt der Maschine. Eine Detektion des Kurzschlusses wäre zwar denkbar, ist allerdings bereits zu spät, um den fatalen Schaden abzuwenden. Soll dieser verhindert werden, so müssen bereits die Fehlerursache oder die Fehlerentstehung detektiert werden.

Die Ursachen sind vielfältig und treten meist in Kombination auf. So können, ausgelöst durch die starken elektromagnetischen Kräfte im Stator, kleine Relativbewegungen zwischen den Drähten entstehen und die Isolation nach und nach schädigen. Auch Vibrationen, welche unter Umständen durch andere Fehler entstanden sind oder von außen induziert werden, können nach und nach eine Abrasion der Isolation hervorrufen. Darüber hinaus führen die unterschiedlichen thermischen Ausdehnungskoeffizienten der Isolation des Drahtes und des Blechpakets bei starken thermischen Schwankungen allmählich zur Schädigung der Isolation.

Neben den mechanischen und thermischen Effekten tritt auch die sogenannte chemische Alterung auf. Insbesondere bei hohen Temperaturen oder Temperaturschwankungen kommt es zu Oxidation, Depolymerisation, Schrumpfen und Versprödung der Isolation. Die elektrische Alterung durch Teilentladungen kann selbst Ursache des Isolationsschadens sein, tritt allerdings häufig eher als die Folge bereits vorgeschädigter Isolation auf [168].

Eine Teilentladung findet unter Einfluss eines hohen elektrischen Feldes statt. Die Stärke des elektrischen Feldes hängt vom Abstand und der Potenzialdifferenz ab. Somit ist die Wahrscheinlichkeit für eine Teilentladung zwischen zwei Drähten mit unterschiedlichem Potenzial hoch. Die Wicklungen sind gegeneinander nur durch eine oder evtl. mehrere Lackschichten isoliert. Eine Teilentladung bedeutet nicht den Durchschlag zwischen den Leitern, sondern eine lawinenartige Entladung zwischen einem Leiter und einem sehr kleinen Hohlraum[4] in der Isolierung. Der gesamte Vorgang einer Teilentladung ist innerhalb weniger Nanosekunden zu Ende und erlischt selbstständig. Eine einmalige Teilentladung, wie sie auch bei Teilentladungsmessungen provoziert wird, führt zu keinem Schaden. Immer wieder entstehende Teilentladungen an derselben Stelle schädigen die Isolierung nachhaltig. [117]

---

[4]Teilentladungen sind auch zu anderen Einschlüssen in der Isolierung möglich, aber selten.

Da Teilentladungen und Windungsschlüsse in netzbetriebenen und damit drehzahlfesten Industriemotoren für bis zu 90% der Ausfälle verantwortlich sind
[6, 39], wird auch die Detektion der Teilentladung in Forschung und Entwicklung immer weiter vorangetrieben. Eine sehr gute Übersicht der verfügbaren
Methoden geben der Leitfaden, der von IEEE [78] erstellt wurde, sowie die
Übersichten in [48, 65, 168].

Die unterschiedlichen Methoden versuchen die unterschiedlichen Symptome
einer Teilentladung zu detektieren. So gibt es Methoden, die durch präzises
akustisches Messen die Teilentladung wahrnehmen. Andere Verfahren detektieren die sehr hohen Frequenzanteile in der angelegten Testspannung oder dem
resultierenden Strom. Wieder andere Verfahren detektieren die während der
Teilentladung emittierten hochfrequenten (bis zu 80 MHz) elektromagnetischen
Wellen. Des Weiteren gibt es chemische Ansätze, die das Ozon, das bei einer
Teilentladung entsteht, detektieren.

Alle hier genannten Methoden sind entweder offline-Messungen in Form eines
eigenständigen Tests oder im drehzahlfesten Betrieb der Anlage. Müller zeigt
in [117] eine prototypische Umsetzung einer Teilentladungsdetektion im Betrieb mit einem Pulswechselrichter. Mit elektrischer Hochfrequenzmesstechnik
gelingt es, Teilentladungen im Betrieb zu detektieren. Weitere Forschungen zur
Robustheit der Methode bei unterschiedlichsten Prüflingen stehen noch aus.

Rotor

Anders als die Statoren unterscheiden sich die Rotoren der verschiedenen
elektrischen Maschinen stark, aber auch hier gibt es typübergreifende Gemein-
samkeiten. Die Rotorwelle überträgt das Drehmoment, das durch die elektromagnetischen Kräfte auf den Rotor einwirkt. Auch die meist mit Wälzlagern
ausgeführte Wellenlagerung muss den entstehenden Kräften und Drehzahlen
Stand halten. Bezüglich der Lager wird auf Abschnitt 2.2.2 verwiesen. Eine asymmetrische Verteilung der Masse sowie Exzentrizität der Welle kann
ebenfalls bei allen drehenden elektrischen Maschinen vorkommen.

Der gesamte Rotor und die Welle müssen für die wechselnde Belastung mit
teilweise sehr hohen Drehmomenten ausgelegt sein. Bereits kleinste bleibende

Deformierungen oder Schäden des Rotors oder der Welle können eine Unwucht erzeugen. Auch fertigungsbedingt kann es zu asymmetrischer Verteilung
der Masse auf dem Rotor kommen [151]. Grundsätzlich wird zwischen einer
statischen und dynamischen Exzentrizität unterschieden. Bei ersterer sind die
Drehachse des Rotors und die Hauptträgheitsachse parallel verschoben. Bei der
dynamischen Unwucht sind die beiden Achsen gegeneinander verkippt. Meist
liegen jedoch beide Effekte gleichzeitig vor.

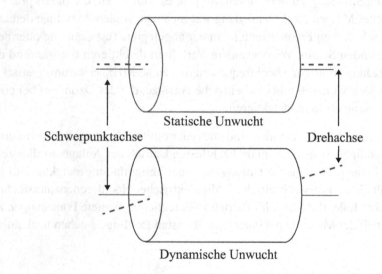

Abbildung 2.7: Veranschaulichung: Statische und dynamische Unwucht

Jede Unwucht sowie jede Abweichung des Rotors von einem perfekt geo-
metrischen Kreis führt zu einem drehwinkelabhängigen Luftspalt zwischen
Stator und Rotor. Dies beeinflusst direkt den magnetischen Fluss und damit die
Erzeugung des Drehmoments. [89]

Die Mechanik des Rotors wird zusätzlich zu den wirkenden hohen Drehmo-
menten durch teilweise sehr hohe Drehzahl und die damit verbundene hohe
Zentrifugalkraft beansprucht. Bei einer Überbeanspruchung können bei einer
ASM mit rein passivem Käfig Risse oder gar Brüche in diesem entstehen [48].
Daraus resultiert unter Umständen eine mechanische Unwucht, in jedem Fall

aber eine elektromagnetische Asymmetrie. Selbige Effekte sind auch bei reinen Reluktanzmotoren möglich. Bei aktiven Rotoren von SM oder ASM werden die Wicklung und die Isolation stark beansprucht und können Schaden nehmen. Dies ist anlog zu den Vorgängen der Isolationsfehler im Stator. Darüber hinaus kann auch hier eine mechanische Überbeanspruchung eine geometrische Veränderung bedeuten, die wiederum Auswirkungen auf das elektromagnetische Feld hat. Bei PMSM treten solche Effekte durch Verschiebung der Magneten auf. Bei allen Auswirkungen auf den magnetischen Fluss ergibt sich auch eine Auswirkung auf die Drehmomenterzeugung, was meist zu Drehungleichförmigkeiten führt. [89, 161]

Bei PMSM sind die hohen Zentrifugalkräfte besonders kritisch, da die Permanentmagneten außen am Rotor befestigt sind. Dies gilt insbesondere bei den leistungsfähigeren Surface-Mounted[5]-PMSM, bei denen die Permanentmagneten auf der Oberfläche angebracht und im Wesentlichen durch eine Bandagierung aus Glasfaser fixiert sind. Da die Winkelgeschwindigkeit quadratisch in die Fliehkraft eingeht, sind Überdrehzahlen besonders kritisch. Die eher robusten Interior[6]-PMSM mit im Rotor innenliegenden Magneten[7] sind diesem Problem gegenüber nicht so anfällig. [16, 35]

Bei verbauten Permanentmagneten darf deren maximal zulässige Temperatur nicht überschritten werden. Grundsätzlich gilt das auch bei Magneten, die im Stator verbaut sind, dies ist aber selten der Fall und aufgrund der guten Kühlung im Stator unkritisch. Im Gegensatz dazu ist im Rotor von PMSM die Kühlung eher kritisch und die zulässige Temperatur unbedingt zu beachten. Permanentmagnete verlieren spätestens bei der sogenannten Curie-Temperatur vollständig ihre magnetische Wirkung. Die stoffabhängige Curie-Temperatur liegt bei ausreichend hohen Temperaturen, die im Betrieb nicht erreicht werden. Allerdings sinkt die Temperatur in starken magnetischen Gegenfeldern deutlich ab [114] und kommt dann in die Größenordnung von ca. 150 °C, wie in [123] beschrieben.

---

[5]Engl.: an der Oberfläche angebrachte.
[6]Engl.: integrierte.
[7]Auch vergrabene Magneten genannt.

Die Schadensmechanismen der Lager und Wellendichtungen werden in Abschnitt 2.2.2 im Hinblick auf Getriebe betrachtet, gelten allerdings in gleichem Maße für die Rotorlagerung.

Peripherie der EM

Sensorik Nahezu alle elektrischen Maschinen in Fahrzeuganwendungen sind mit einem Drehzahlsensor ausgestattet. SM, die zur Regelung auf eine exakte Winkelposition angewiesen sind, verfügen dementsprechend über einen Drehwinkelsensor. Ausfälle der Sensoren werden in der ECU überwacht und beispielsweise durch Methoden nach [119] detektiert. Verliert die PMSM ihre exakte Winkelpostition, beispielsweise durch mechanisches Verdrehen des Sensors auf der Welle, so nimmt die Regelgüte ab. Durch die falsche Ansteuerung wird das maximale Drehmoment nicht mehr erreicht und das erzeugte Drehmoment unterliegt einer großen Welligkeit. Erkennt das Steuergerät den Fehler, so wird die Notfunktion *Sensorfreier Betrieb* aktiviert und die Position beispielsweise mittels Beobachtermodell geschätzt. [196] Ein normaler Betrieb ist damit allerdings nicht möglich.

Bürsten und Schleifringe Gleichstrommaschinen, aber auch aktiv bestromte Rotoren von ASM- oder fremderregten SM benötigen Schleifringe, um eine Stromübertragung auf die sich drehende Welle zu ermöglichen. Die schleifenden Bürsten verschleißen im Betrieb und müssen regelmäßig und rechtzeitig gewechselt werden. Die Funkenbildung bei abhebenden Bürsten oder auch bei der Kommutierung wird auch Bürstenfeuer genannt. Dies kann durch die Erhöhung der Temperatur oder durch emittierte hochfrequente Signale bei der Funkenbildung detektiert werden [168]. EM mit Schleifringen sind aufgrund der zusätzlichen Verschleißteile bei Fahrzeugtraktionsmotoren höchstens als Nischenanwendung zu finden.

Verbindungselemente Die Verbindung zwischen EM und Getriebe hat hohe Anforderungen an die Präzision der Mechanik. Die Getriebe- und Maschinenwelle muss exakt in der Flucht liegen, damit keine Unwucht oder Asymmetrie der Masse zur Drehachse entsteht. Das Fehlerbild ist vergleichbar mit dem Fehler in Abschnitt 2.2.1.

2.2.2 Getriebe

Eine Übersetzungsstufe mit ein oder zwei Gängen, selten mehr, findet sich in vielen elektrischen Fahrzeugen. Unter anderem können damit Motoren mit höherer Drehzahl und damit auch höherer Leistungsdichte verwendet werden. Des Weiteren sind für Fahrzeuge, die hohe Geschwindigkeiten erreichen, mehrstufige Getriebe fast unumgänglich. Ein mechanisches Differential ist in den meisten PKWs, ausgenommen den Fahrzeugen mit Einzelradmotoren, verbaut. Teilweise sind die Schädigungsmechanismen bei Elektrofahrzeuggetrieben stärker als bei konventionellen Getrieben, beispielsweise durch die höheren Rekuperationsmomente im Verhältnis zu den eher geringen Schleppmomenten der VKM. Die Erprobung der mechanischen Getriebe ist und bleibt damit ein wichtiger Teil der Antriebsstrangerprobung [176].

Wellen

Je nach Art des Getriebes oder der Übersetzungsstufe sind unterschiedlich viele Wellen zur Übertragung der Leistung verbaut. Einmalige, sehr hohe Überlastung der Wellen kann sofort zum Bruch führen. Da die Wellen üblicherweise nicht dauer-, sondern betriebsfest ausgelegt werden, kann es bereits bei Überschreitung des Belastungsprofils zu Schäden kommen [121]. Meist beginnen diese Schäden mit Rissen, die nach und nach größer werden und schlussendlich zu einem Wellenbruch führen [144]. Um einen fatalen Wellenbruch zu verhindern, muss bereits ein Riss in der Welle erkannt werden. Unter Umständen lässt sich eine Veränderung im Schwingungs- und Vibrationsverhalten im Zeitbereich feststellen, meist sind allerdings Veränderungen lediglich im Frequenzbereich auffindbar. Eine Übersicht über Methoden zur Risserkennung an Wellen findet sich bei [144].

Eine Unwucht auf Getriebewellen führt zu den gleichen Effekten wie eine Unwucht des Maschinenrotors, deshalb wird hier auf Abschnitt 2.2.1 verwiesen.

Durch die wirkenden Kräfte am Zahneingriff entstehen auf den teilweise langen Getriebewellen Querkräfte, die zur Biegung der Welle führen. Eine dadurch entstehende direkte Schädigung der Welle ist selten, aber Folgeschäden an den Lagern können auftreten. Die zusätzlich entstehenden Längskräfte durch die meist schrägverzahnten Zahnräder[8] müssen ebenfalls durch das Lager aufgenommen werden. [121]

Zahnrad

Bei der konventionellen Antriebsstrangerprobung steht die Belastbarkeit der Zahnräder im Vordergrund. Die Schäden an Zahnrädern lassen sich nach [121] in die Kategorien Zahnbruch, Pitting und Grübchenbildung, Fressen oder Verschleiß aufteilen.

- Zahnbruch oder genauer Zahnfußbruch entsteht entweder durch einmalige, starke Überbeanspruchung mit überhöhtem Drehmoment oder durch häufige Überschreitung der Schwing- und Dauerfestigkeit. [121] Der Bruch eines Zahnes führt zu starken Schwingungen und kann direkt zu Folgefehlern führen. Darüber hinaus ist der abgebrochene Zahn ein Fremdkörper innerhalb des Getriebes, der ebenfalls Folgefehler injizieren kann.

- Als Pitting werden Schädigungen der Zahnflanke bezeichnet. Dabei entstehen Risse, Ausbrüche und Unebenheiten in der Oberfläche der Zahnflanken. Je nach Größe sind die Einflüsse auf die Funktion des Getriebes eher gering, beginnend mit Änderungen der Akustik und Vibrationen. Werden die ersten Symptome nicht erkannt, kommt es zu größeren Abplatzungen bis hin zum Zahnkopfbruch, der dem vollständigen Zahnbruch nahekommt [121]. Heutzutage werden Zahnräder so ausgelegt, dass Pitting oder Grübchenbildung die entscheidende Limitierung der Getriebe ist. Ein Zahnbruch tritt nur bei missbräuchlicher Nutzung auf. [121, 187]

- Verschleiß wird unterschieden in Kalt- und Warmfressen. Kaltfressen tritt bei niedrigen Umfangsgeschwindigkeiten und falscher Schmierung auf. Dies ist in Fahrzeuggetrieben eher selten der Fall. Warmfressen entsteht bei hohen

---

[8]Rennsportgetriebe und teilweise der Rückwärtsgang verwenden auch heute noch gerade Verzahnungen. Diese sind geringfügig effizienter, aber akustisch von Nachteil.

Temperaturen und Umfangsgeschwindigkeiten > 30 m/s unter Einfluss hoher Last. Nach und nach bilden sich Riefen, eher bei Kaltfressen, oder Fress-striche, bei Warmfressen. Die so geschädigte Zahnoberfläche ist weniger belastbar und Folgefehler wie Pitting und Zahnbruch entstehen. [121]

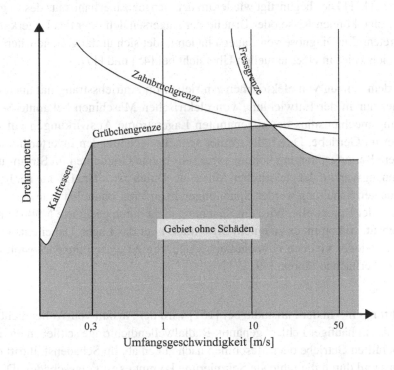

Abbildung 2.8: Belastungsgrenzen von Zahnrädern nach [121]

Abbildung 2.8 zeigt den qualitativen Verlauf der Belastungsgrenzen, bei deren Betrachtung klar wird, dass ein sofortiger Zahnbruch nur bei sehr überhöhter Belastung auftritt und meist davor Schäden an der Oberfläche auftreten.

Lager und Dichtungen

Lager Alle drehenden Wellen, einschließlich dem Rotor der EM, müssen geeignet gelagert sein. Selten werden Gleitlager mit Ölfilmschmierung ver-

wendetet, deutlich häufiger unterschiedliche Wälzlagertypen. Ein Lagerscha-
den beginnt meist mit einer Veränderung der Oberfläche der Laufflächen der
Wälzkörper. Es bilden sich Mulden, Riefen oder Riffel, die zu Erhöhung des
Körperschalls, der Schwingungen, der Reibung und damit auch der Temperatur
führen. [121] Dies begünstigt wiederum den Schadensmechanismus des Lagers.
Als Folge können Risse oder Brüche der Lagerschalen oder des Lagerkäfigs
auftreten. Zur Diagnose von Lagerschäden findet sich umfangreiche Literatur,
beispielsweise in einer aktuellen Übersicht bei [45] und [17].

Mit dem Einzug von elektrischen Antrieben im Antriebsstrang hat auch der
bisher nur in der Entwicklung von elektrischen Maschinen bekannte Schädigungsmechanismus der sogenannten Lagerströme Auswirkungen auf die
Lager im Getriebe. Durch die immer schneller schaltenden Inverter und die
höhere Batteriespannung kommt es zu sehr hohen Gradienten im Strom- und
Spannungsverlauf der elektrischen Maschine. Durch parasitäre Effekte der hochfrequenten Schaltung werden Spannungen in anderen Bauteilen induziert, wie
z. B. in der Rotorwelle. Wird die Spannung nicht durch geeignete Maßnahmen
abgebaut, so kommt es zu einem Stromfluss über das Lager. Dabei entstehen
immer wieder kleinste Funkenüberschläge, die zu einer Funkenerosion der
Lageroberflächen führen. [49, 171]

Dichtungen   In der Fallstudie bei [167] wird der Ausfall von Wellendichtun-
gen als ein häufiger Fehler[9] genannt. Radialwellendichtringe schließen die mit
Öl befüllten Getriebe oder Maschinen nach außen ab. Im Schadensfall tritt das
Öl aus und durch die fehlende Schmierung kommt es zu Folgeschäden. Diese
zeichnen sich durch eine Erhöhung der Reibung, Anstieg der Temperaturen und
Verschleiß bis hin zum Totalausfall aus.

2.2.3 Antriebswelle

Weitere sich im Drehmomentenpfad befindliche Bauteile des Antriebsstrangs
sind die Antriebs- bzw. Seitenwellen vom Differentialausgang zu den Rädern
bzw. am Prüfstand zu den Radmaschinen, sowie die im elektrischen Antriebs-

---

[9]Ca. fünf mal häufiger als Lagerschäden.

strang selten verbaute Kardanwelle zum Kraftschluss zwischen Vorder- und Hinterachse.[10] Da Kardanwellen selten geworden sind und laut [56] die meisten Schäden in den von der VKM angeregten Schwingungen begründet sind, wird nicht näher darauf eingegangen. Der Seitenwelle kommt in der Antriebsstrangerprobung eine besondere Bedeutung zu, denn diese ist das weiche Element in der Übertragungsstrecke zwischen Antrieb und Straße. Die Steifigkeit und Dämpfung der Antriebswelle hat erheblichen Einfluss auf das Schwingungsverhalten des Antriebsstrangs. [103] An der Welle selbst können Risse oder gar ein kompletter Bruch der Welle auftreten.

Abbildung 2.9: Verschlissenes Gleichlaufschiebegelenk

An beiden Seiten der Welle befindet sich ein Gelenk, das sehr drehsteif ist, um die hohen Drehmomente am Rad übertragen zu können, und gleichzeitig nennenswerte Knickwinkel ausgleichen kann, die beispielsweise durch starkes Einfedern des Fahrzeuges entstehen. [156] Um den Winkel auszugleichen wer-

---

[10]Elektrische Allradfahrzeuge verfügen meist über mehrere Motoren, die nicht direkt mechanisch gekoppelt sind.

den meist Gleichlaufverschiebegelenke verwendet (vgl. Abbildung 2.9). Die in einer Bahn laufenden Kugeln übertragen hohe Kräfte. Der Schädigungsmechanismus ist sehr ähnlich zur Lagerschädigung, die Oberfläche wird durch Pitting geschädigt und es kommt zu erhöhten Schwingungen. [9] Bei größeren Schäden kommt es nicht nur zu Vibrationen, sondern auch zu erheblichen Änderungen bei der Drehmomentübertragung, was ein Aufschwingen des gesamten Aufbaus zur Folge haben kann. Neben der direkten Detektion dieser Schwingungen gibt es auch beispielsweise bei [202] spezielle Verfahren zur Fehlerdetektion von Gleichlaufgelenken.

Die Belastungen an Prüfständen sind für die Gelenke besonders hoch und auch größer als auf der Straße, da die Kugeln im Gelenk immer dieselben Wege machen und bei Dauerlauferprobungen hohe Drehmomente wirken. Auf der Straße ändert sich, aufgrund von Fahrbahnunebenheiten, die relative Position zwischen Getriebeausgang und Rad unentwegt. Der sich dadurch ändernde Winkel des Gelenks lässt die Kraftübertragung wandern. Am Prüfstand ist dies nicht der Fall und die Kraft wird immer an der gleichen Stelle übertragen. So kann es zu vorzeitigen Schäden kommen. Abbildung 2.9 zeigt ein entsprechendes Schadensbild. Die Oberfläche der Kugellaufbahn ist entlang einer Linie geschädigt.

2.2.4 Peripherie des Prüflings

Zusätzlich zu den Hauptaggregaten (elektrische Maschine, Getriebe, Seitenwellen) gibt es weitere testrelevante periphere Bestandteile des Prüflings. Ergänzend können auch Defekte an prüflingsnahen Teilen des Prüfstands direkte Folgen für den Prüfling haben.

Pumpen   Je nach Aufbau werden die Prozessflüssigkeiten des Prüflings, wie z.B. Kühlmittel und Öl, von prüflings- oder prüfstandsseitigen Pumpen gefördert. Nach [121] sind insbesondere Ölpumpen sehr anfällig für Schäden durch Fremdpartikel. Ein unerkannter Ausfall führt zu fatalen Schäden durch Überhitzung oder ausbleibende Schmierung. Besonders kritisch ist der Verlust der Prozessflüssigkeit, denn dies bleibt von der meist ohnehin verbauten Temperaturüberwachung unentdeckt, da die Temperatur in einem leeren Rohr keine Grenzwerte übersteigt.

Aggregatelagerung Die mechanische Grenze zwischen Prüfling und Prüfstand stellen die Aufnahmen der Aggregate in den Lagerpunkten dar. Ob die Lagerung ebenfalls Teil der Erprobung ist, wird individuell entschieden; verbaut, wenn auch teilweise modifiziert, ist sie aber in jedem Fall. Die auftretenden Drehmomente werden über diese Lager aufgenommen und stehen somit unter starker Beanspruchung. Überbelastung oder Schwingungen können zu Schäden führen, die bei zu später Entdeckung das gesamte Aggregat losreißen.

2.2.5 Messtechnik

Schäden am Prüfling können auch durch den Prüfstand verursacht sein. In diesem Abschnitt wird dieses Szenario näher betrachtet. Da Sensoren häufig mit wichtigen Überwachungen verknüpft sind, werden zunächst die entscheidenden Sensoren und deren mögliche Fehler beschrieben.

Drucksensor Meist liegt die Ursache fehlerhafter Druckwerte in einer undichten Druckleitung oder bei dezentraler Druckmesstechnik in Isolationsfehlern der elektrischen Leitung. Beides führt zu Über- bzw. Unterschreitung von Grenzwerten. Kritischer, weil durch Grenzwerte unentdeckt, sind eingeschlossene Luftblasen in der Druckleitung. Dies führt zu ungültigen Werten, Grenzwerte werden jedoch nicht überschritten.

Temperatursensor Fehler in der Verkabelung führen bei den auf der Widerstandsmessung basierenden Temperatursensoren zu sehr großen oder sehr kleinen Werten, die leicht durch Grenzwertüberwachungen erkannt werden können. Auch bei den Thermoelementen kann ein Kabelfehler zur Aussteuerung führen, allerdings gibt es einen kritischeren Fall. Dazu ist es nötig, den Aufbau eines Thermoelementes zu kennen, siehe Abbildung 2.10.

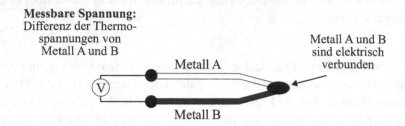

Messbare Spannung:
Differenz der Thermo-
spannungen von
Metall A und B

Metall A

Metall A und B
sind elektrisch
verbunden

Metall B

Abbildung 2.10: Aufbau eines Thermoelementes

Durch den Seebeck-Effekt entsteht an der Verbindung zweier verschiedener Metalle eine elektrische Spannung, die gemessen wird [21]. Bricht der Sensor ab, so ist es durchaus möglich, dass an der Bruchstelle erneut ein elektrischer Kontakt der beiden Metalle entsteht. An der Bruch- bzw. neuen Kontaktstelle des Sensors erzeugt wiederum der Seebeck-Effekt eine Spannung. Es wurde sozusagen eine neue Messstelle an der Bruchstelle geschaffen. Das Messgerät zeigt nun fehlerfrei eine Temperatur an, allerdings die an der Bruchstelle und nicht an der eigentlichen Messtelle. Abbildung 2.11 zeigt einen an der Verschraubung gebrochener Sensor, der einen Fehler dieser Art erzeugt.

Schwingungssensor   Bei der Messung der RMS-Werte der Schwingungen gilt ebenfalls, dass Defekte in Kabel, Sensor oder Messkette sofort zu dauerhaften Aussteuerwerten führen, die ebenfalls durch Grenzwertüberwachungen[11] detektiert werden. Kritisch ist ein langsames Lösen des Sensors von der Oberfläche. Dadurch entstehen ungültige Messwerte, die aber nicht statisch sind und keine Grenzwerte übersteigen.

Erweiterte Messtechnik   Ein Ausfall der zusätzlichen beigestellten Messtechnik führt zwar zu ungültigen Messungen, die unter Umständen wiederholt werden müssen, allerdings ist nicht mit Einflüssen auf fatale Folgen des

---

[11]Im Falle des unteren Grenzwertes ist es nicht ganz trivial, da natürlich auch keine Schwingung erlaubt ist. Hier ist zumindest eine bedingte Überwachung nötig.

Abbildung 2.11: Temperatursensor mit Bruchstelle an der Verschraubung

Prüflings zu rechnen. Eine Ausnahme stellt dabei die Ordnungsüberwachung gemäß Abschnitt 2.3.2 Überwachung eines Signals im Frequenzbereich dar. Da die Ordnungsanalyse explizit zur Fehlerfrüherkennung dient, muss auch die Funktion der Messeinrichtung sichergestellt werden, was durch sogenannte Timout-Watchdog-Überwachungen[12] realisiert wird.

Fehler der Automatisierung Im Sinne der Vollständigkeit sind auch Fehler der Prüfstandsautomatisierung als kritische Fehler zu nennen. Sowohl Fehler in der Prüfstandshardware als auch Fehler in der Software können zu fatalen

---

[12]Überwachung der Zeitüberschreitung eines sich stetig ändernden Wertes.

Abbildung 2.12: Schwinggeschwindigkeitssensor, der sich teilweise ablöst

Schäden des Prüflings führen. Es lassen sich einige der hier genannten Überwachungen auch auf die Überwachung der Prüfstandsmaschinen übertragen. Auch die Qualitätssicherung der Software hat eine hohe Bedeutung, übersteigt allerdings den Rahmen dieser Arbeit.

2.3 Überwachung von Prüfläufen

An Prüfständen werden verschiedenste Prüfläufe gefahren, die grundsätzlich in die Kategorien *Prüfläufe unter Supervision* und *vollständig automatisierte Prüfläufe* eingruppiert werden können. Prüfläufe unter Supervision haben üblicherweise weniger aktive automatisierte Überwachungen, im Gegenzug ist mindestens ein erfahrener Prüfstandsmitarbeiter vor Ort, der die Anlage und die Messwerte überwacht und gegebenenfalls kritische Betriebspunkte verlässt und den Prüfling in sicheren Betriebspunkten weiter betreibt. [82]

Im Gegensatz dazu stehen die vollständig automatisierten und unbemannt gefahrenen Prüfläufe. Diese Prüfläufe sind lediglich überwacht, stehen aber nicht unter Supervision. Das bedeutet, im Fehlerfall muss die Automatisierung selbst den Fehler erkennen und den Versuch in einen sicheren Zustand überführen, was im Regelfall bedeutet, den Prüfstand schnellstmöglich stillzusetzen. [82]

Wie in Kapitel 2.1.3 beschrieben, übernimmt das Prozessautomatisierungssystem die Steuerung und damit auch die Abschaltung des Prüfstandes. Einzelne, nicht direkt zur Prüfstandsautomatisierung gehörende Geräte übernehmen ebenfalls Überwachungsaufgaben, allerdings können diese nicht direkt in die Steuerung eingreifen, sondern lediglich über Schnittstellen die gefundene Anomalie oder den Stoppwunsch an das Prozessleitsystem übermitteln.

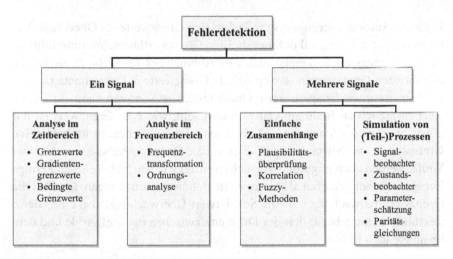

Abbildung 2.13: Übersicht der Fehlerdetektionsmechanismen nach [44, 84]

In der Literatur wird häufig von Methoden zur Fehlerdetektion und -isolation (FDI) gesprochen. Tatsächlich beinhaltet FDI zwei Methoden, die sich gegenseitig bedingen und teilweise ineinander übergehen. Dennoch können die Verfahren auch getrennt betrachtet werden. Die Fehlerdetektion beschäftigt sich mit der Erkennung, ob der Prozess, im vorliegenden Fall der Prüflauf, in einem regulären oder fehlerhaften Zustand ist. Die Fehlerdiagnose ist eine meist subsequente Methode, um den vorliegenden Fehler zu identifizieren und für den Fall fehlertoleranter Systeme den Fehler zu isolieren. Um einen Prüflauf rechtzeitig vor der Entstehung von fatalen Schäden anzuhalten, ist die Art des vorliegenden Fehlers nicht von Bedeutung. Entscheidend ist die rechtzeitige Detektion des Fehlers. [82].

Die folgenden Abschnitte geben einen Überblick über die Methoden zur Erkennung von Fehlern an Prüfständen. Die Abschnitte gliedern sich entsprechend der Grafik 2.13 und werden ergänzt um die Methoden der Eigenüberwachung von Prüflingen im Prüfstandsumfeld.

2.3.1 Überwachung eines Signals im Zeitbereich

In jedem Automatisierungssystem lassen sich Grenzwerte als Ober- bzw. Untergrenze für jedes Signal definieren. Eine Grenzwertüberschreitung führt zu einer Fehlerreaktion und meist auch zum Abbruch des Testlaufs. Zusätzlich zu den direkten Grenzwerten ist es möglich, Grenzwerte auf berechnete Größen zu definieren, wie beispielsweise Gradienten. Des Weiteren kann ein Grenzwert zusätzlich an Bedingungen geknüpft sein, wie z. B. Grenzwert ist nur gültig bei *aktiver Klemme 15*[13]. Neben den offensichtlichen, bauteilbedingten Grenzwerten, wie beispielsweise die maximale Drehmomentbelastbarkeit einer Welle, werden auch ungültige Versuchsgrenzen wie beispielsweise zu geringe Umgebungstemperaturen als Grenzwerte definiert. Franze ergänzt in [46] die Grenzwertüberwachung um eine Soll-Istwert-Überwachung, also eine Grenzwertüberwachung bezüglich der Differenz zwischen der Stellgröße und dem resultierenden Istwert.

Die Grenzwerte lassen sich in die drei Hauptkategorien Prüfstand, Prüfling und Prüflauf bzw. Versuch aufteilen [146].[14] Bei einer Überschreitung der Grenzwerte wird ein Alarm ausgelöst und anschließend eine vorher definierte Routine der Prüfstandssteuerung ausgeführt. Die Überschreitung von Versuchsgrenzwerten schließt einen Weiterbetrieb nicht aus und kann statt der üblichen Stoppreaktion auch lediglich ein Sprung in den nächsten Versuchsteil bedeuten.

---

[13]Fahrzeug ist bereit.
[14]In Ausnahmefällen werden zusätzlich Betriebspunktgrenzwerte festgelegt.

Bei der Überschreitung von Prüflings- und Prüfstandsgrenzwerten kann kein sicherer Weiterbetrieb garantiert werden, weshalb hier ein definierter schneller Stopp der gesamten Anlage ausgeführt wird. [50]

Die drei Grenzwertkategorien lassen sich weiter kategorisieren, zunächst auf Bauteilebene und anschließend auf die dahinterliegende physikalische Größe. Eine beispielhafte Auflistung ist Tabelle 2.1 zu entnehmen.

Die meist umfangreichen Grenzwertlisten werden von Entwicklungsingenieuren verschiedener Fachbereiche unter Zuhilfenahme der folgenden Methoden nach [44] erstellt:

Bauteilgrenzen Diese sind in jedem Fall einzuhalten, da es sonst unmittelbar zu einem Schaden kommt. Die jeweiligen verantwortlichen Entwickler für jedes einzelne Bauteil des Prüflings müssen sich hierzu eng mit den Prüfstandsingenieuren abstimmen und Grenzwerte finden, die die geforderte hohe Dynamik eines Laufs ermöglichen und dennoch keine Überlastung zulassen.

X(t)- und Scatterplots Sofern es schon ähnliche Prüfläufe oder Fahrzeugmessungen gab, können die Experten im Prüfstandsbereich Grenzwerte für den anstehenden Prüflauf erarbeiten. Dazu werden direkt die Zeitverläufe der zu überwachenden Signale betrachtet oder sogenannte Scatterplots erstellt. Ein Scatterplot erstellt eine Punktewolke zweier unabhängiger Variablen. Werte außerhalb dieser Punktewolke können als Grenzwertüberschreitung definiert werden.

Physikalische Zusammenhänge Aus den physikalischen Gleichungen können Grenzwerte definiert werden. Ein einfaches Beispiel wäre ein Leistungsgrenzwert bei einem Elektromaschinenprüfling, bei dem lediglich Strom und Spannung gemessen werden.

Simulationen Üblicherweise werden bei der Auslegung von Bauteilen Simulationen verwendet. Auch bei der Definition des Versuchsablaufs werden meist Simulationen verwendet. Diese lassen sich weiterverwenden, um Grenzwerte zu definieren.

Bereits bei sich häufig ähnelnden Prüflingen mit Prüfläufen mit vielen Stationärpunktmessungen, wie es bei VKM-Prüfständen üblich ist, stellt es sich als

Tabelle 2.1: Auflistung typischer Grenzwerte

Prüfstand	Prüfling	Prüflauf
Radmaschine	**Getriebe**	**Erprobungsplan**
• Mechanische Bauteilgrenzen	• Mechanische Bauteilgrenzen	• Mechanische Grenzen
• Elektrische Bauteilgrenzen	• Elektrische Bauteilgrenzen	• Thermische Grenzen
• Thermische Bauteilgrenzen	• Thermische Bauteilgrenzen	• ...
• ...	• Schwingungsgrenzwerte	
	• ...	
Eintriebsmaschine	**EM des Prüflings**	**Prüfprogramm**
• Mechanische Bauteilgrenzen	• Mechanische Bauteilgrenzen	• Timeout im Prüfprogramm
• Elektrische Bauteilgrenzen	• Elektrische Bauteilgrenzen	• Verletzung der Testbedingungen
• Thermische Bauteilgrenzen	• Thermische Bauteilgrenzen	• ...
• ...	• Schwingungsgrenzwerte	
	• ...	
Batteriesimulator	**Fehler in der ECU**	
• Mechanische Bauteilgrenzen	• Fehlereintrag in der ECU	
• Stromgrenzen	• Notlaufmeldung	
• Spannungsgrenzen	• Motorkontrollleuchte (MIL)[*]	
• Thermische Bauteilgrenzen	• ...	
• ...		

---

[*] Engl.: Malfunction Indicator Light (MIL)

sehr aufwendig dar, alle notwendigen Grenzwerte festzulegen. [44] Bei der Antriebsstrangerprobung bringen die zusätzlichen Bauteile auch zusätzliche zu definierende Grenzwerte mit sich. Die Abstimmung ist damit noch aufwendiger und es ist herausfordernd für die Prüfstandsingenieure, alles zu beachten, um trotz der vielen Grenzwerte dennoch einen stabilen Prüflauf sicherstellen zu können.

Eine zusätzliche Herausforderung sind dynamische Prüfläufe. Einerseits sind hierfür präzise Grenzwerte von besonders hoher Bedeutung, da während eines hochdynamischen Manövers Bauteilgrenzen erreicht werden können. Andererseits bedingen solche Manöver auch kurzfristige starke Schwankungen nahezu aller Messwerte, die nicht als ungültige Zustände erkannt werden dürfen. Insbesondere kann ein dynamischer Messwert auch eine Überschreitung der statischen Bauteilgrenzen bedeuten. Beispielsweise werden manche Drücke im Kühlwasser oder Öl langsam aufgebaut, sodass in einem schnellen Hochlauf eine Druckuntergrenze unterschritten werden kann. Ein weiteres Beispiel sind dynamische Anregungen nahe einer Resonanzfrequenz, die ein unvermeidbares kurzzeitiges überhöhtes Schwingungsverhalten zur Folge haben.

2.3.2 Überwachung eines Signals im Frequenzbereich

Die auf der Fouriertransformation basierenden Frequenzanalyseverfahren gehören zum Standardportfolio bei der Nachbearbeitung von Daten. Frequenzanalyseverfahren sind auch Teil der Software-Werkzeuge im Bereich der Messdatenauswertung, wenngleich diese eher in speziellen Fällen eingesetzt werden, beispielsweise zum Auffinden und Prüfen von Eigenfrequenzen. [129]

Bei Prüfläufen mit nicht konstanter Drehzahl, wie es bei dynamischen Antriebsstrangprüfungen der Regelfall ist, kommt die Spektralanalyse schnell an ihre Grenzen [177]. Viele gemessene Signale ändern ihre dominanten Frequenzen mit der Drehzahl. Auf dieser Grundlage wird bei [177] die Ordnungsanalyse für drehzahlveränderliche Getriebe vorgestellt. Hierbei wird die Fouriertransformation nicht auf ein Zeitsignal angewendet, sondern auf Basis einer anderen Grundfrequenz, meist auf Basis einer Umdrehung der Eintriebs- oder Abtriebsseite.

Zum jetzigen Zeitpunkt haben weder die Spektral- noch die Ordnungsanalyse Einzug in das Portfolio der Onlineüberwachungen in der Prüfstandsautomatisierung gefunden, was vor allem mit der in Kapitel 2.1.3 aufgezeigten Takt- und Messfrequenzen zusammenhängt. Nach dem Nyquist-Shannon-Abtasttheorem können nur Frequenzen bis zur Hälfte der Abtastfrequenz gemessen werden. Bei nicht in der reinen Sinusform vorliegenden Signalen wird in der Praxis gemäß [55] eine fünf- bis zehnfache Abtastung verwendet. Mit der Standardmesstechnik bis 1kHz bedeutet das Folgendes:

$$\frac{f_{sample}}{5} \leq \frac{1\,kHz}{5} = 200\,Hz = 200\,\frac{1}{s} = 12.000\,\frac{1}{min} \qquad \text{Gl. 2.1}$$

Damit können bereits bei Drehzahlen über $12.000\,min^{-1}$ nicht mehr die geforderten fünf Abtastungen pro Umdrehungen ermöglicht werden und die Grenze Messeinrichtung zur einwandfreien Erfassung der ersten Ordnung ist erreicht. Häufig liegen die entscheidenden Effekte der Ordnungsanalyse zwischen der 3. und der 100. Ordnung; in diesem Bereich ist keine Messung mit dieser Messtechnik mehr möglich.

Selbstverständlich gibt es auch NVH[15]-Prüfstände für elektrische Achsen mit zugehöriger geeigneter Messtechnik wie beispielsweise bei [70] und [107]. Diese werden üblicherweise für spezielle Messungen verwendet und nicht für Dauererprobungen zur Betriebsfestigkeitsuntersuchung.

Des Weiteren ist die Erkennung erster Anzeichen eines Schadens durch Änderungen im Schwingungsverhalten nicht trivial. Es bedarf einer aufwendigen Signalaufbereitung, wie beispielsweise nach [166], um im automobilen, rauschbehafteten Umfeld die ersten Anzeichen eines Schadens zu detektieren. Nach [125] ändert sich das Schwingungsverhalten zwischen einem Prüfling und einem weiteren aus derselben Baureihe stärker als zwischen einem beschädigten und unbeschädigten Bauteil.

Das Potenzial der Erweiterung von Antriebsstrangprüfständen mit hochfrequenter Schwingungsmesstechnik ist in der Forschung angekommen und wird beispielsweise bei [99, 182, 183] behandelt.

---

[15]Hör- oder spürbare Schwingungen (engl. *Noise, Vibration, Harshness*) (NVH).

Bereits heute sind kommerzielle externe Mess- und Überwachungsgeräte verfügbar, welche im Wesentlichen auf der Ordnungsanalyse beruhen. Dazu lernt das Gerät während des Prüflaufs nach und nach die Ordnungen und wertet die Veränderung der Ordnungen aus. Findet das Gerät eine Anomalie, so wird ein Alarm ausgelöst und an das Prozessleitsystem weitergegeben. [137, 140]

Kia stellt in [92] eine ähnliche Methode vor, die anstelle der Schwingungssensorik die gemessenen Ströme der eintreibenden Maschine auswertet. Eine sich ändernde oder neu erscheinende Frequenz bzw. Ordnung in dem hochabgetasteten Stromsignal deutet auf einen vorhandenen oder gerade entstehenden Schaden hin.

2.3.3 Überwachung basierend auf einfachem Prozesswissen

Durchaus kritisch zu bewerten sind fehlerhafte Messwerte. Neben der Tatsache, dass Messungen mit fehlerhaften Messwerten nichtig sind und wiederholt werden müssen, sind auch alle auf dem fehlerhaften Signal basierenden Berechnungen und Überwachungen inkorrekt. Letzteres kann zu fatalen Überschreitungen von Grenzwerten führen. Vollständig defekte Messeinrichtungen werden, neben gezielten Tests, häufig durch die direkte Grenzwertüberwachung, siehe Abschnitt 2.3.2, erkannt. Meist liefert der Sensor bei einem kapitalen Defekt seinen minimalen oder maximalen Aussteuerwert. Andere Sensorfehler, die nicht in der Aussteuerung eines Sensorwertes resultieren, sind deutlich schwieriger zu erkennen. Beispielsweise sind Drifts, Offsets oder seltene Sprünge in den Aussteuerwerten auch durch Experten nur durch geeignete Tests oder sehr genaue Betrachtungen einzelner Sensorkanäle erkennbar.

Bei [44] wird eine einfache und gleichzeitig vielversprechende Methode vorgeschlagen, um derartige Fehler zu erkennen. Dazu wird vor Beginn des eigentlichen Prüflaufs eine Messung aller Sensoren des Prüfstandes über einen längeren Zeitraum bei nicht betriebenem Prüfling gemacht, beispielsweise über Nacht. Anschließend können statistische Daten wie Mittelwert, Median, Varianz von ähnlichen Sensoren gegeneinander verglichen werden. Beispielsweise ist zu erwarten, dass alle Temperatursensoren ähnliche Werte liefern und auch ähnliche statistische Werte. Entsprechendes ist auch bei Drucksensoren zu erwarten. Bei Drehzahlen und Drehmomenten ist im abgeschalteten Zustand ein

Mittelwert und Medianwert nah bei Null zu erwarten. Sollte bei diesem Test etwas auffallen, so ist in jedem Fall eine genauere Betrachtung nötig.

Auch während des Versuchs werden einfache physikalische oder kausale Zusammenhänge genutzt um die Plausibilität der Signale zu prüfen. Bei [44] wird dies als Berechnung von Kennwerten bezeichnet. Ein Beispiel wäre der Gesamtwirkungsgrad, der sich permanent aus den aktuellen Daten am Prüfstand wie folgt berechnet:

$$\eta = \frac{P_{el,In}}{2\pi \cdot M_{Rad} \cdot n_{Rad}} = \frac{2\pi \cdot M_{In} \cdot n_{In}}{2\pi \cdot M_{Rad} \cdot n_{Rad}} \qquad \text{Gl. 2.2}$$

Der Gesamtwirkungsgrad η kann nicht über längere Zeit von einem erwartbaren Wirkungsgrad abweichen.[16] Dies wird mit einer Grenzwertüberwachung realisiert.

Neben den Grenzwertüberwachungen sind auch Plausibilisierungen eine wichtige und gängige Methode, um Messdaten zu überwachen. Hierbei geht es vor allem darum, Messdaten mit zu geringer Qualität oder gar vollständig fehlende Messdaten zu erkennen. [129]

Neben der Systemkontrolle durch einen Stillstands-Check und der Plausibilisierung der Signale während des Prüflaufs wird auch die Qualität einzelner Signale kontrolliert. Durch den Vergleich ähnlicher Signale lassen sich starke Drifts, Sprünge, starkes Rauschen oder Signalstörungen aufgrund von elektromagnetischer Strahlung auffinden. Dazu genügt der einfache direkte Vergleich oder der Vergleich mit gleitenden Mittelwerten ähnlicher Signale.

2.3.4 Modellgestützte Ansätze

Ist der zu überwachende Prozess zumindest teilweise bekannt, so lässt sich ein Simulationsmodell des (Teil-)Prozesses erstellen. Durch den Vergleich zwischen Simulation und dem Prozess selbst werden sogenannte Residuen

---

[16]Aufgrund von Energiespeichern im System, z.B. rotierende Massen, kann der Wirkungsgrad kurzzeitig deutlich abweichen.

gebildet. Weichen diese von ihrem normalen Wert ab, so deutet das auf einen Fehler hin. Nach [84], [126], [44] gibt es im Wesentlichen drei Kategorien von Prozessmodellen.

Parameterschätzung Ist zumindest die Ordnung des zugrundeliegenden Prozesses bekannt, so lässt sich ein Modell aufbauen, um aus den aktuell gemessenen Werten die Parameter des Prozesses zu schätzen. Beispiele für zu schätzende Parameter sind der Widerstand, das Massenträgheitsmoment oder die Steifigkeit. Die Differenz zwischen dem geschätzten und dem eigentlichen Wert bildet das Residuum. Ist der eigentliche Wert nicht bekannt, kann der Vergleich auch zwischen dem aktuell geschätzten und den in der Vergangenheit geschätzten Werten erfolgen. [44]

Paritätsgleichungen Sind die vollständige Struktur und die Parameter des Prozesses bekannt, so lässt sich ein Paritätsmodell erstellen. Dieses Simulationsmodell bildet das System vollständig nach. Durch Differenzbildung zwischen den Werten aus der Simulation und den real gemessenen Werten wird ein Residuum gebildet. Ist das Modell korrekt und der Prozess fehlerfrei, so liegt der Wert des Residuums nahe Null. Steigt der Wert, weist dies auf einen Fehler hin. [83]

Beobachtermodelle Zustandsgrößenbeobachter haben ihren Ursprung in der Zustandsregelung, um Zugriff auf nicht messbare Zustandsgrößen zu bekommen. Diese Methode kann auch zur Fehlerdetektion genutzt werden, indem eine gemessene Zustandsgröße mit einer beobachteten verglichen wird. [87]

Für alle drei Verfahren ist neben dem detaillierten Prozesswissen auch großer Aufwand zur Modellerstellung nötig. Je nach Verfahren wird von dem einen oder anderen etwas mehr oder weniger benötigt, wobei allen gemein ist, dass mehr Prozesswissen und präzisere Modellierung auch bessere Ergebnisse mit sich bringen. [44, 84]

2.3.5 Überwachung des Prüflings im Steuergerät

Jedes moderne Fahrzeug und auch jeder moderne Antriebsstrang hat ein oder meist mehrere Steuergeräte verbaut, beginnend mit einfachen Logiken zwischen Sensor und Aktor über die häufig verwendeten echtzeitfähigen komplexeren

Steuergeräte bis hin zu hoch komplexen und vernetzten Zentralcomputern mit sehr großer Rechenleistung. Die Daten der Sensoren werden durch die ECU erfasst, in einem Rechenkern ausgewertet und anschließend als Stellwerte an die Aktoren ausgeben. Meist sind auch eine oder mehrere Kommunikationsschnittstellen sowie ein Fehlerspeicher integriert. [22]

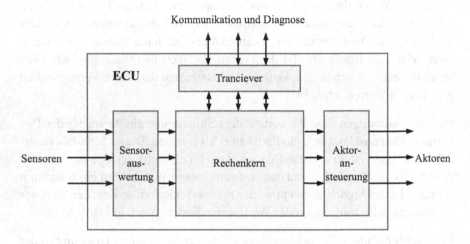

Abbildung 2.14: Aufbau einer ECU nach [22]

Nicht erst seit der Einführung der On-Board-Diagnose (OBD)[17] werden Fehler von Steuergeräten erkannt und im Fehlerspeicher abgelegt. Je nach Art des Steuergeräts sind unterschiedliche Fehlererkennungsmechanismen realisiert. Dies beginnt mit der einfachen Erkennung von Sensorfehlern oder Kommunikationsfehlern, indem Wertebereichsüberschreitungen oder eingefrorene Werte erkannt werden. Darüber hinaus wird auch versucht, Softwarefehler durch Detektion von Wertebereichsüberschreitungen innerhalb der Reglerstruktur zu detektieren. Teilweise führen Steuergeräte unbemerkt Tests durch, um Fehler zu erkennen, beispielsweise das gezielte Ansteuern von Aktoren um die entsprechende Reaktion mit einem Sensor zu prüfen [22]. Wird diese nicht erkannt, so wird ein Fehler eingetragen. Manche Bauteile sind redundant im Fahrzeug verbaut, sodass diese gegeneinander abgeglichen werden können.

---

[17]Eine nach [79] standardisierte Fahrzeugdiagnose.

Je nach Fehlerart ist üblicherweise in der ECU eine Reaktion definiert, wie zum Beispiel die Deaktivierung des fehlerhaften Aktors oder Sensors und die Aktivierung der MIL. Ein Fehler kann auch zur Folge haben, dass das gesamte System in einen Notlauf mit eingeschränkter Funktionalität geht. Um zu viele unnötige Fehlerreaktionen zu vermeiden, führt meist erst ein länger anhaltender oder mehrfach auftretender Fehler zu einer Reaktion. [22]

Die im vorigen Abschnitt behandelten Methoden der Fehlererkennung sind in der steuergeräteinternen Fehlerdetektion und -diagnose (FDD) ebenfalls umgesetzt. Die FDD in einer ECU ist insbesondere auf die Fehlerdiagnose und die Fehlerisolation ausgerichtet, weshalb sich die Methoden daran orientieren. Folgende Methoden gehören nach [100] und [7] zum Standard:

Plausibilisierung mit Expertenwissen Dabei geht es um einfache Wenn-Dann-Beziehungen.

Fehlerbäume Bekannte Fehler sind in einer Baumstruktur abgelegt. Durch an diese Struktur angelehnte Testfälle kann auf den konkreten Fehler geschlossen werden.

Modellbasierte Diagnose Insbesondere werden viele Teilprozesse modelliert und die daraus resultierenden Daten werden zur FDD genutzt. Ergänzend zu den oben vorgestellten Methoden zur Fehlerdetektion mit prozessorientierten Modellen bedeutet das, dass die Residuen zusätzlich ausgewertet werden, um den Fehler nicht nur zu detektieren, sondern auch zu diagnostizieren.

Case-Based Reasoning Aktuelle Ereignisse werden mit einer Datenbank mit bekannten, gelösten Fehlerfällen verglichen.

Bayessche Netze Unter Berücksichtigung von Eintrittswahrscheinlichkeiten für aktuelle Ereignisse wird auf mögliche Ursachen zurückgeschlossen. Die Eintrittswahrscheinlichkeiten müssen dazu a priori vorliegen.

Neuronale Netze Vorab mit Messdaten von Fehlerfällen trainierte neuronale Netze können aus den aktuellen Daten auf Fehlerfälle schließen.

Diese Methoden werden auch kombiniert und in vielerlei spezialisierten Ansätzen weiterentwickelt, um immer präzisere Fehlerdiagnosen zu erstellen. Ein Beispiel wäre die Sensordiagnose bei [116] oder die Fehlererkennung und -isolation einer elektrischen Achse bei [104]. Auch Methoden des maschinellen Lernens finden immer mehr Verwendung [191]. Die Verbindung von Steuergräten zu einem Cloudsystem steigert die Möglichkeiten komplexer Diagnosesysteme [60]. Der konsequente nächste Schritt, der digitale Zwilling eines Fahrzeugs, ist Bestandteil der aktuellen Forschung wie bei [136] oder dem Forschungsprojekt *SofDCar*, gefördert durch das Bundesministerium für Wirtschaft und Klimaschutz [155].

2.3.6 Schadensfrüherkennung in anderen Fachbereichen

Die frühzeitige Erkennung von Schäden an elektromechanischen Bauteilen ist in vielen Bereichen der Industrie von hohem Interesse. Es findet sich umfangreiche Literatur zur Fehlerdetektion an Industriemotoren; eine Übersicht findet sich in [105] und [14]. Da für Industriemotoren gänzlich andere Voraussetzungen gelten, wie z. B. statische Drehzahl und sich wiederholende Abläufe, ergeben sich ganz andere Möglichkeiten, die nicht auf einen Prüfstand übertragen werden können. Es existieren aber auch interessante Ansätze, die für Prüfstandanwendungen in Erwägung gezogen werden können. Diese werden in diesem Abschnitt vorgestellt.

Online-Kühlmittel- und Ölanalyse   Bereits in den 80er und 90er Jahren wurden von den Forschern in [109] und [190] Methoden entwickelt, um im Öl des zu überwachenden Systems Partikel zu finden, welche auf beginnende Defekte hinweisen. Martin erweitert in [113] diese Methodik für die Anwendung an Prüfständen. Dazu wird das Öl permanent aus dem Prüfling abgesogen, analysiert und wieder zurückgespeist. Ein optisches Verfahren erkennt Partikel im Öl, welche auf beginnenden Verschleiß und damit bevorstehende Schäden hindeuten.

Tavner stellt in [168] verschiedene Methoden vor, um chemische Produkte zu erkennen, die bei der Überhitzung von Isolationsmaterial entstehen. Dazu werden kleinste Partikel gesucht, die bei der Pyrolyse von Isolationsmaterialien entstehen [27], oder gar das entstehende Gas [193] wird abgesogen und analysiert.

Anomaliedetektion im Finanzwesen Ahmad und Purdy nutzen in [3] ein spezielles neuronales Netz zur Erkennung von Anomalien in Zeitreihen im Bereich des Finanzwesens. Dazu wird ein neuronales Netz mit hierarchischem Temporalspeicher verwendet. Es lernt nach und nach und macht daraus Vorhersagen. Anhand der Genauigkeit der Voraussage wird ein Anomalie-Score berechnet. Mithilfe der neuen Daten wird auch die Vorhersage aktualisiert. So entsteht nach und nach ein fortlaufender Anomalie-Score.

Predictive Maintainance[18] eines Keilrippenriemens Kohlhase et al. nutzen in [96] ein maschinelles Lernverfahren zur Einschätzung des Verschleißes eines Keilrippenriemens. Die an einem Riemenprüfstand aufgezeigte Methode hat großes Potenzial den Verschleiß des Riemens vor dessen Zerstörung zu erkennen.

Anwendungen im Bereich der Energieerzeugung Turbinen in Windkraftanlagen unterliegen ständig wechselnden Betriebspunkten, die sich stark auf messbare Größen wie zum Beispiel die Getriebeöltemperatur auswirken. Die Anomalieerkennung bei diesen nicht vorhersehbaren Kombinationen von Lastpunkten sind herausfordernd. Zeng et al. zeigen in [200] eine Methode, die aus vergangenen Betriebspunkten eine Wahrscheinlichkeit für die Getriebeöltemperatur berechnet. Die tatsächliche aktuelle Getriebeöltemperatur wird dann als eine Hypothese angenommen, die es zu testen gilt. Entsprechende Abweichungen deuten auf eine Anomalie hin.

Corley et al. zeigen in [31] ein Clusteringverfahren, um Daten aus Windkraftturbinen einzuteilen in die Klassen *Fehlerfrei* und *Ein Monat vor Ausfall*. Der dazu verwendete Algorithmus aus dem Bereich des maschinellen Lernens verwendet als Eingangsgrößen Temperaturen des Triebstrangs. Die durchwachsenen Ergebnisse ließen sich verbessern durch das Ersetzen der realen Eingangstemperaturen mit Temperaturen aus thermischen Netzwerkmodellen.

Neben den zwei beispielhaft vorgestellten Methoden gibt es im Bereich der Zustandsüberwachung von Windkraftturbinen fortlaufende Forschungsaktivi-

---

[18]Engl. Vorausschauende Wartung.

täten. Huang gibt in [73] einen Überblick. Die Zustandsüberwachung verfolgt primär das Ziel, unkritische Fehler zu erkennen und daraus die Planung für die Wartung oder den nächsten Bauteiltausch zu ermöglichen.

Klassifikation und Echtzeitauswertung von Schwingungen von VKM   Nair et al nutzen in [31] eine *Big Data* Plattform zur Klassifikation von Schwingungssignalen von VKM. Die Datengrundlage sind Schwingungsmessungen, gekoppelt mit der Information, ob zum Zeitpunkt der Messung ein Fehler im Motorsteuergerät eingetragen war. Die Methode kann nach einem erfolgreich überwachten Training bereits frühzeitig an aktuellen Schwingungsmessdaten erkennen, ob ein Motorfehler vorliegt oder nicht.

Kommerzielle datenbasierte Ansätze an Prüfständen   Der Megatrend *Big Data* ist seit Jahren in vielen Bereichen anzutreffen. Insbesondere zum Thema Datamining wurden in den letzten Jahren einige kommerzielle Produkte entwickelt und zählen in der Zwischenzeit zu den etablierten Werkzeugen im Umgang und in der Auswertung von Messdaten. Auch die Softwareentwickler im Umfeld der Fahrzeug- und Antriebsstrangprüfstände haben hierfür ihr Portfolio erweitert, beispielsweise hat *AVL* die Erweiterung *Santorin* entwickelt oder *Vector* die Software *CANape* bzw. *V-Signalyzer* um Data Mining erweitert. Diese Tools sind, Stand heute, konzipiert, um Merkmalsextraktionen im Nachhinein auszuführen. Eine Anwendung zur Steuerung und Überwachung in Echtzeit am Prüfstand ist nicht vorgesehen. [173, 178]

Klassierung oder Schadensakkumulation   Zählverfahren, bei denen die Verweildauer oder die Anzahl der Überrollungen pro Lastklasse aufsummiert werden, können nach [115] und [12] auch zur Vorhersage von Getriebeschäden genutzt werden. Tatsächlich sind Klassierungsverfahren, die die Anzahl der Überrollungen in Drehmoment- und Temperaturklassen aufsummieren, ein Standardwerkzeug an Antriebsstrangprüfständen. Allerdings dienen diese Methoden zur Dokumentation und Validierung der Vollständigkeit des Prüflaufes. Die Schadenssummen werden mit den Lastkollektiven der Auslegung des Prüflaufes abgeglichen. Die bei [115] und [12] vorgeschlagene Schadensvorhersage basiert auf der Überlegung, dass beim Erreichen empirisch bestimmter

Schadenssummen die Fehlerwahrscheinlichkeit steigt. Diese Überlegungen werden in ähnlicher Art auch bei der Prüflauferstellung gemacht. Einerseits untermauert dies die Aussage, dass am Ende des Tests bei hoher akkumulierter Schadenssumme die Wahrscheinlichkeit eines Schadens steigt, andererseits ist dies bereits vorab bekannt und eine Nutzung der Daten zur Fehlervorhersage wäre sinnlos.

2.3.7 Empirisches Wissen

Neben den mathematisch quantifizierbaren Methoden ist empirisches Wissen ein wichtiger und nicht ersetzbarer Fehlerindikator. Erfahrene Prüfstandsmitarbeiter bewerten ihre Beobachtungen im Betrieb und insbesondere bei den regelmäßigen Sichtkontrollen und bei Wartungsarbeiten. Dabei fließen auch viele nicht oder sehr schwer messbare Merkmale mit ein, wie z. B. Geräusche, Farben, Gerüche, usw. Diese Merkmale werden in Verbindung mit Erfahrungen aus früheren Versuchen zu sehr wichtigen, aber schwer quantifizierbaren Einschätzungen zum aktuellen Zustand des Prüflings [84]. Psychologische Forschung zeigt, dass Experten eines Fachgebiets in der Lage sind, komplexe Situationen in ihrem Feld schneller zu erfassen, zu bewerten und entsprechend zu reagieren [30]. Insbesondere im Rahmen der Inbetriebnahme der Prüflinge und allgemein bei Erprobung unter Supervision sind die Einschätzungen und rechtzeitige Reaktionen von Experten unverzichtbar zur Erkennung und Vermeidung von gravierenden Fehlern.

3 Grundlagen

In diesem Kapitel werden die notwendigen Grundlagen für die folgenden Hauptkapitel gelegt. Zunächst wird auf die verwendeten statistischen Größen der Zeitreihenanalyse eingegangen. Im Anschluss werden die Grundlagen der Fuzzy-Logik erläutert, welche in Kapitel 5 angewendet werden. Zuletzt werden die im darauffolgenden Kapitel 6 verwendeten thermischen Netzwerkmodelle grundlegend erläutert, sowie die darauf angewendeten GA.

3.1 Grundlagen: Statistik der Zeitreihen

Alle relevanten Messwerte an Prüfständen werden als zeitlich diskrete[1] und wertkontinuierliche[2] Zeitreihen abgelegt.

$$x = x_1 \,;\, x_2 \,;\, x_k \,;\, \dots \text{ mit } k = 1, 2, 3 \dots n \qquad \text{Gl. 3.1}$$

Für x_k gilt mit der konstanten Abtastfrequenz $f = \frac{1}{\Delta t}$:

$$x_k = x(t)\big|_{t+k\Delta t} \text{ mit } k = 0, 1, 2, \dots (n-1) \qquad \text{Gl. 3.2}$$

Zu den wichtigsten Kennzahlen zählen die Lageparameter *Mittelwert* sowie *Median* und *Quartile*. Der arithmetische Mittelwert der Zeitreihe ist nach [71] definiert als:

---

[1] In Ausnahmefällen werden auch drehzahl- oder winkelsynchrone sowie asynchrone eventbasierte Messwerte abgelegt.

[2] Aufgrund der digitalen Datenverarbeitung ist auch die Wertkontinuität im Rahmen der digitalen Repräsentation eingeschränkt, wobei die Quantisierungsabweichung vernachlässigbar klein ist.

© Der/die Autor(en), exklusiv lizenziert an
Springer Fachmedien Wiesbaden GmbH, ein Teil von Springer Nature 2024
E. Brosch, *Online-Überwachung elektrischer Antriebsstränge im Prüfstandsumfeld*, Wissenschaftliche Reihe Fahrzeugtechnik Universität Stuttgart, https://doi.org/10.1007/978-3-658-44420-4_3

$$\bar{x} = \frac{1}{n} \sum_{i=1}^{n} x_k \qquad \text{Gl. 3.3}$$

Liegt die Zeitreihe x nicht in zeitlicher Reihenfolge sondern nach ihrer Wertigkeit sortiert vor (d.h. $x_{k-1} <= x_k <= x_{k-1}$), so ergibt sich der Median zu:

$$\tilde{x} = \begin{cases} x_{m+1} & \text{für ungerades n = 2m+1} \\ \frac{1}{2}(x_m + x_{m+1}) & \text{für gerades n = 2m} \end{cases} \qquad \text{Gl. 3.4}$$

Der Median wird auch als das zweite Quartil bezeichnet. Das erste und dritte Quartil teilen in gleicher Weise die Werte oberhalb und unterhalb des Medians in zwei Gruppen. Das bedeutet, dass höchstens ein Viertel der Messwerte kleiner als das erste Quartil ist und höchstens drei Viertel der Beobachtungen größer sind.

Die Streuungsmaße vervollständigen die wichtigen Kennzahlen. Die Varianz ist nach [71] das gebräuchlichste und meist verwendete Streuungsmaß und für Zeitreihen definiert als:

$$Var(x) = \frac{1}{n} \sum_{k=1}^{n} (x_k - \bar{x})^2 \qquad \text{Gl. 3.5}$$

Die Standardabweichung, welche durch

$$\sigma = \sqrt{Var(x)} \qquad \text{Gl. 3.6}$$

definiert ist, findet aufgrund der besseren Anschaulichkeit ebenfalls Anwendungen. Insbesondere ist bei einer angenommen Normalverteilung die Anzahl der Werte innerhalb eines Intervalls definiert gemäß Tabelle **??**.

Für den Vergleich von Zeitreihen werden Distanzmaße verwendet. Am gebräuchlichsten sind die Minkowski-Metriken, die auch L-Normen genannt werden. Für die Zeitreihen x und y sind diese nach [8] definiert zu:

Tabelle 3.1: Standardabweichung und Wertezugehörigkeit

Intervall	Anzahl der Werte
$\bar{x} \pm \quad \sigma$	68,27 %
$\bar{x} \pm 2 \cdot \sigma$	95,45 %
$\bar{x} \pm 3 \cdot \sigma$	99,73 %

$$d(x, y) = \sqrt[p]{\sum_{k=1}^{n} |y_k - x_k|^p} \qquad \text{Gl. 3.7}$$

Am häufigsten verwendet wird die Ausprägung mit p=2, dies entspricht der L2-Norm, eher bekannt als Euklidische Distanz.

$$d(x, y) = \sqrt{\sum_{k=1}^{n} (y_k - x_k)^2} \qquad \text{Gl. 3.8}$$

Neben der Distanz zwischen zwei Zeitreihen ist die Korrelation zwischen zwei Zeitreihen ein wichtiges Vergleichsmaß. Der Q-Korrelationskoeffizient oder auch Pearson-Korrelationskoeffizient berechnet sich nach [8] zu:

$$\varrho(x, y) = \frac{\sum_{k=1}^{n} (x_k - \bar{x})(y_k - \bar{y})}{\sqrt{\sum_{k=1}^{n} (x_k - \bar{x})^2 \sum_{k=1}^{n} (y_k - \bar{y})^2}} \qquad \text{Gl. 3.9}$$

3.2 Grundlagen der Fuzzy-Methoden

Die Grundlagen der Fuzzy-Sets und später der Fuzzy-Logik wurden von Zadeh im Jahre 1965 gelegt [199]. Die Weiterentwicklung der Fuzzy-Logik erfolgte in den darauffolgenden Jahren und Jahrzehnten und findet sich bis heute in der aktuellen Forschung. Ein Hauptgrund der Beliebtheit von Fuzzy-Logik in verschiedensten Fachbereichen liegt in dem linguistischen Ansatz. Damit lässt sich Expertenwissen in Form von Regeln digital verarbeiten. [134]

3.2.1 Fuzzy-Menge

Im Gegensatz zu der klassischen Logik und Mengenlehre der Mathematik, bei der nur zwischen wahr oder falsch bzw. zugehörig zur Menge oder nicht zugehörig unterschieden wird, wird bei der Fuzzy-Logik eine unscharfe (engl. fuzzy) Menge definiert. Das bedeutet, Elemente können nicht Teil einer Menge sein, vollständig Teil einer Menge sein oder teilweise Teil einer Menge sein. Dies lässt sich sehr gut an einem Beispiel erklären:

Angenommen für eine Getriebetemperatur ist definiert, dass eine Temperatur von über 130 °C zu heiß ist, damit ist in der normalen Mengenlehre klar, dass alle Temperaturen bis exakt 130 °C in Ordnung sind.

Als Fuzzy-Menge wird die Zugehörigkeit über eine Zugehörigkeitsfunktion definiert, die beispielsweise wie in Abbildung 3.1 sein könnte.

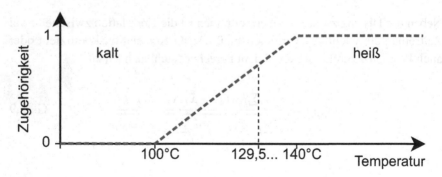

Abbildung 3.1: Beispiel einer Fuzzy-Zugehörigkeitsfunktion

Somit wäre eine Temperatur unter 100 °C in Ordnung und über 140 °C heiß. Alle Temperaturen dazwischen sind teilweise zugehörig zur Menge heiß. Eine Temperatur von 129 °C wäre damit zu 72,5 % zugehörig zur Menge *heiß*. Hier lässt sich auch die eher menschlich-intuitive Verständnis von Mengen erklären. Eine Temperatur von 129 °C ist noch in Ordnung, aber schon heiß.

Im Allgemeinen kann die Zugehörigkeitsfunktion auch einer komplexeren Funktion wie beispielsweise einer Glockenkurve entsprechen oder gar selbst durch eine unscharfe Menge definiert werden. Hierfür sei auf die weiterführende Literatur verwiesen: [165] und [102]

Im Rahmen dieser Arbeit sind die Zugehörigkeitsfunktionen der Fuzzy-Mengen als Dreiecks- oder Trapezfunktionen zwischen 0 und 1 definiert.

3.2.2 Fuzzy-Logik

Ausgehend von den unscharfen Mengen wurde bei [111] und [112] eine unscharfe Logik entwickelt. Fuzzy-Systeme wie in Grafik 3.2 beinhalten die folgenden drei wesentlichen Schritte:

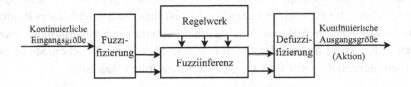

Abbildung 3.2: Wirkungsplan eines Fuzzy-Systems nach [111, 112, 198]

Fuzzifizierung Im ersten Schritt wird die kontinuierliche Systemeingangsvariable über eine Zugehörigkeitsfunktion in das Fuzzy-Set eingegliedert. Dies erfolgt wie im vorigen Abschnitt beschrieben. Das Fuzzy-Set besteht üblicherweise aus linguistischen Variablen, wie beispielsweise Getriebetemperatur *kalt*, *in Ordnung* und *heiß*.

Fuzzy-Inferenz Kern der Fuzzy-Logik ist Schritt zwei, die Fuzzy-Inferenz. Diese wertet die Eingangsgröße mittels des Regelwerks aus und berechnet daraus eine unscharfe Ausgangsgröße. Das Regelwerk beinhaltet mehrere Regeln, die jeweils aus miteinander logisch verknüpften Prämissen und einer Konklusion besteht. Diese einzelnen Regeln sind miteinander mit UND und ODER verknüpft. Ein Beispiel für ein Regelwerk findet sich in Tabelle **??**. [198]

Tabelle 3.2: Beispiel Regelwerk Getriebetemperatur

Wenn	dann
Getriebetemperatur *kalt*	Kühlung *aus*
Getriebetemperatur *in Ordnung*	Kühlung *mittel*
Getriebetemperatur *heiß*	Kühlung *maximal*

Bei der Auswertung der sprachlich einfach zu verstehenden Regeln wird der Erfüllungsgrad jeder Regel ausgerechnet und anschließend verknüpft.

Am Beispiel einer Getriebetemperatur von 129 °C würde das bedeuten, Regel 1 trifft nicht zu, Regel 2 und Regel 3 jeweils zum Teil. In Worten bedeutet das, die Kühlung sollte teilweise *mittel* und teilweise *maximal* sein.

Defuzzifizierung Im dritten Schritt, der Defuzzifizierung, wird aus dieser unscharfen Ausgangsmenge eine zur Weiterverarbeitung geeignete Ausgangsgröße berechnet. Im Falle eines Fuzzy-Reglers ist dies die Stellgröße des Reglers. Um kontinuierliche Ausganswerte zu erhalten, wird die Schwerpunktmethode verwendet. Hierfür wird der Erfüllungsgrad über der möglichen Stellgröße aufgetragen. Siehe dazu Grafik 3.3 zu dem gewählten Beispiel.

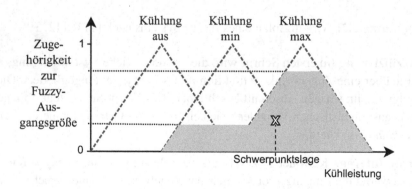

Abbildung 3.3: Defuzzifizierung in Anlehnung an [198]

Die resultierende Menge aus den Erfüllungsgraden und der Zugehörigkeit der Menge der linguistischen Ausgangsvariable wird grafisch zu einer Fläche vereint. Die Lage des Schwerpunktes dieser Fläche definiert die kontinuierliche Ausgangsvariable. [198]

3.3 Grundlagen der thermischen Modelle

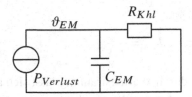

Abbildung 3.4: Beispielhaftes thermischen Netzwerkmodell einer EM mit einem Knoten

Thermische Netzwerke basieren auf der Analogie zu elektrischen Netzwerken. Aus diesem Grund werden ähnliche Symbole wie in elektrischen Stromkreisen verwendet. Die physikalischen Gleichungen, die sich aus dem thermischen Netz ergeben, entsprechen ebenfalls den in der Elektrotechnik verwendeten Gleichungen. Die Analogie wird in grundlegenden Büchern der Elektrotechnik wie z. B. [122, 128] ausführlich diskutiert.

Für einfache Modelle sind zwei thermische Elemente und Wärmequellen ausreichend. Diese werden im Folgenden beschrieben:

Thermischer Widerstand: Der thermische Übergang wird durch den thermischen Leitwert Λ beschrieben, was dem inversen thermischen Widerstand R_{th} entspricht. Dieser thermische Widerstand ist definiert durch die Differenztemperatur der Punkte i und j und den Wärmestrom $\dot{Q}$ zwischen den Punkten.

$$\frac{1}{\Lambda} = R_{th} = \frac{\vartheta_i - \vartheta_j}{\dot{Q}}$$

Gl. 3.10

Sofern die physikalischen Gegebenheiten bekannt sind, lässt sich der Wärmewiderstand in Abhängigkeit der Wärmeübertragungsart, der Stoffeigenschaften,
des Abstands l und der aktiven Übertragungsfläche A berechnen. Für die Wär-
meleitung ist die spezifische Wärmeleitfähigkeit κ entscheidend und es gilt:

$$R_{th} = \frac{l}{\kappa A}$$ Gl. 3.11

Bei Konvektion[3] beispielsweise durch Kühlwasser an der Kontaktfläche A ist
die Wärmeübergangszahl h entscheidend:

$$R_{th} = \frac{l}{hA}$$ Gl. 3.12

Auch die Wärmeübertragung durch Wärmestrahlung lässt sich als thermischer
Widerstand modellieren. Diese Art der Wärmeübertragung spielt im Rahmen
der Arbeit keine Rolle und wird deshalb nicht näher erläutert.

Thermische Kapazität: Der thermische Wärmespeicher wird als eine Kapazität
dargestellt und ist definiert durch die Wärmemenge Q, die erforderlich ist, um
eine Temperaturerhöhung der Masse um $\Delta\vartheta$ zu erreichen.

$$C_{th} = \frac{Q}{\Delta\vartheta}$$ Gl. 3.13

Berechnen lässt sich die Wärmekapazität auch direkt aus den physikalischen
Größen des Körpers, als Produkt der Masse m und der spezifischen Wärmekapazität c.

$$C_{th} = m \cdot c$$ Gl. 3.14

Thermische Quelle bzw. Senke: Eine Wärmequelle definiert den in das System
eingebrachten Wärmestrom. Dies ist also die an dem Punkt entstehende und
abzuführende Wärmeleistung und damit gleich der Verlustleistung in diesem
Punkt.

---

[3]Wärmeströmung

$$\dot{Q} = P_{Verlust} \qquad\qquad \text{Gl. 3.15}$$

Eine Wärmesenke entspricht der abgeführten Wärmemenge oder Kühlleistung, anlog zur Wärmequelle mit umgekehrtem Vorzeichen. Passive Kühlungen werden meist nicht als Wärmesenke mit definierter Leistung modelliert, sondern als thermischer Übergang zur Umgebungstemperatur.

Als einfaches Beispiel zeigt die Abbildung 3.4 das Ersatzschaltbild des thermischen Einkörpermodells einer elektrischen Maschine. Alle thermischen Kapazitäten sind in einer zusammengefasst. Die gesamte Verlustleistung $P_{Verlust}$ geht über in Wärme in dieser Maschine und wird ausschließlich durch den Wärmeübergangsleitwert Λ zur Umgebung gekühlt.

3.4 Grundlagen des genetischen Algorithmus (GA)

Die GA haben ihren Ursprung in der Biologie. Zwar stellen sie keine exakte Kopie der biologischen Evolution dar, wurden jedoch von deren Prinzipien inspiriert. Am Anfang der biologischen Evolution steht eine ausreichend große Anfangspopulation, deren einzelne Individuen über einen individuell verschiedenen genetischen Code verfügen. Durch Kreuzung innerhalb der Population entstehen neue Generationen, deren neuer genetischer Code aus Teilen des genetischen Codes der Elterngeneration rekombiniert wird. Neben der Rekombination hatte bereits Charles Darwin die Mutation und die Selektion als die treibenden Kräfte der Evolution ausgemacht. Bei der Mutation entstehen Veränderungen in der Erbsubstanz, die den Genpool erweitern. Die Selektion beschreibt die Tatsache, dass sich Individuen, die gut an die Umwelt angepasst sind, mit einer höheren Wahrscheinlichkeit fortpflanzen als schlechter angepasste. So lässt die Evolution immer wieder neue Generationen entstehen, die immer besser angepasst sind. Dies geschieht, ohne dass das Optimierungsproblem im Detail bekannt ist. Es werden nicht nur Lösungen gefunden, ohne genaue Kenntnis des Problems, es gibt auch kein explizites Gedächtnis, denn jeder Evolutionsschritt ist unabhängig von vorigen. Diese Eigenschaften wollten sich Forscher wie John Holland, der als Entdecker der GA gilt, zunutze machen. [32, 54, 186]

3.4.1 Optimierungsproblem und Suchraum

Zur Anwendung auf die Parametersuche wird zunächst die Fragestellung definiert: Es wird gesucht nach den Parametern $\xi_1, \xi_2, \ldots \xi_i$, welche die Funktionen $f_1, f_2, \ldots f_n$ optimal, bzw. Pareto-optimal lösen. Formal bedeutet das, die Zielfunktion ist:

$$Min(f_k(\xi)) \text{ mit } k = 1..n \qquad \text{Gl. 3.16}$$

Die Parameter ξ sind eingeschränkt auf den Suchraum:

$$\xi = \begin{pmatrix} \xi_1 \\ \xi_2 \\ \vdots \\ \xi_i \end{pmatrix} = \begin{pmatrix} \xi_{1,min} \cdots \xi_{1,max} \\ \xi_{2,min} \cdots \xi_{2,max} \\ \vdots \\ \xi_{i,min} \cdots \xi_{i,max} \end{pmatrix} \qquad \text{Gl. 3.17}$$

Sind Lösungen nur unter bestimmten Voraussetzungen möglich oder gültig, so können diese als Randbedingung ergänzt werden in der Form:

$$g(\xi) >= 0 \quad \text{oder} \quad h(\xi) = 0 \qquad \text{Gl. 3.18}$$

3.4.2 Anwendung des genetischen Algorithmus

Zu Beginn wird eine auf Zufall basierende Anfangspopulation aufgestellt. Diese besteht aus einer großen Anzahl an suboptimalen Lösungen der Zielfunktion. Durch Selektion, Rekombination und Mutation werden neue Lösungen gebildet. Schlechte Lösungen werden nach und nach aussortiert und die besten Parametersets werden idealerweise zu noch besseren kombiniert. Die Abbildung 3.5 zeigt das Vorgehen.

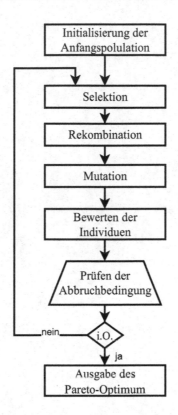

Abbildung 3.5: Methodik eines genetischen Algorithmus nach [150]

4 Bewertung der Fehlerdetektion

Die in Kapitel 2 (Stand der Technik) vorgestellten Methoden der Überwachung werden in diesem Abschnitt kritisch betrachtet und anschließend in Zusammenhang mit den Schadensmechanismen gebracht. Aus dem möglichen Schaden und der Detektionsmethodik wird die Kritikalität der Fehler bewertet. Abschließend werden die Schwachstellen aufgezeigt und Maßnahmen abgeleitet.

4.1 Bewertung der Überwachungen

Im Folgenden wird auf die Überwachungen aus Abschnitt 2.3 eingegangen. Die Anwendbarkeit am Prüfstand und die Herausforderungen werden beschrieben.

4.1.1 Grenzwertüberwachung

Grenzwerte dienen im ursprünglichen Sinn nicht der Fehlerfrüherkennung, sondern dem Bauteilschutz. Dennoch kann eine Grenzwertüberschreitung ein Anzeichen eines Fehlers sein. Je nach Art des Prüflaufs können Fehler ausreichend früh mit Grenzwerten erkannt werden, dazu müssen schon kleinste Abweichungen als Grenzwertüberschreitung erkannt werden. Allerdings sind sehr enge Grenzwerte nicht praktikabel, da sie aufgrund normaler Schwankung der Messwerte zu häufigen Fehlalarmen führen [84]. Bei statischen Prüfläufen, bei denen Lastpunkte angefahren und gehalten werden, sind schmale gültige Bereiche möglich. Dagegen ist bei dynamischen Prüfläufen grundsätzlich mit stärker schwankenden Signalen zu rechnen. Des Weiteren ist es bei der Arbeit mit Prototypen schwierig, präzise Grenzwerte zu definieren, da hierzu nicht ausreichend Erfahrungen und vorangegangene Messungen vorhanden sind. Trotzdem ist die Grenzwertüberwachung auch wegen ihrer Einfachheit die wichtigste Art der Überwachung.

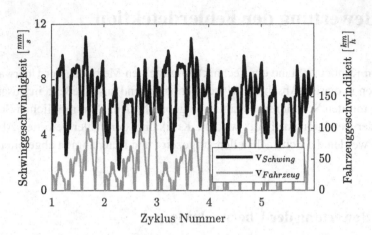

Abbildung 4.1: Schwinggeschwindigkeiten in einem WLTP-Zyklus

In Abbildung 4.1 sind fünf aufeinanderfolgende WLTP[1]-Zyklen zu sehen. Die aktuelle Norm (DIN ISO 20816-3) [33] zu Schwingungen von großen[2] EM wertet Schwinggeschwindigkeiten zwischen 7,1 mm/s und 11mm/s als kritisch. Ein statischer Grenzwert müsste im vorliegenden Fall oberhalb der zwar selten, aber regelmäßig vorkommenden hohen Werte liegen. Im Beispiel wären dies über dem noch zu tolerierenden Wert knapp unter 12mm/s. Kommt es aufgrund eines Fehlers zu dauerhafter positiver Abweichung der normalen Schwinggeschwindigkeiten, würden diese nur in den Extrempunkten zur Überschreitung der Obergrenze führen. Der Fehler würde also bis zur nächsten starken Schwingungsanregung unentdeckt bleiben.

4.1.2 Frequenzanalyse

Wie bereits im Abschnitt 2.3.2 erwähnt, haben Frequenz- und Ordnungsanalysen von Schwingungen, Vibrationen und Körperschall großes Potenzial und liefern bereits heute durch die kommerzielle Messtechnik der Firmen *Reilho-*

---

[1]Weltweit harmonisiertes Testverfahren für leichtgewichtige Nutzfahrzeuge (engl. *Worldwide Harmonised Light-Duty Vehicles Test Procedure*) (WLTP).

[2]Die Norm definiert EM ab 300kW als groß.

fer KG, red-ant measurement technologies and services GmbH oder anderen sehr gute Ergebnisse bei der frühzeitigen Erkennung von schadensbedingten Drehzahlschwingungen. [13, 125] Um weiteres Potential auszuschöpfen, sollten und werden die Schwingungsanalyseverfahren an nicht NVH-Prüfständen zunehmenden Einsatz finden und befinden sich in der aktuellen Forschung. Dies eröffnet ein eigenes Forschungsfeld und wird im Rahmen dieser Arbeit nicht näher betrachtet.

Hochfrequente Strom- und Spannungsmesstechnik kann Ähnliches leisten, denn viele Schädigungsmechanismen, die sich in Schwingungen äußern, führen entweder direkt oder über den geschlossenen Regelkreis zu Schwingungen der elektrischen Größen. Allerdings ist bei der Antriebsstrangerprobung eine Modifikation des Prüflings zur Messung der elektrischen Größen nötig, was aufgrund der nötigen HV-Sicherheit nicht trivial und oft auch nicht gewünscht ist. Herold bescheinigt in [68] der Schwingungsmessung durch Beschleunigungsaufnehmer bessere Fehlerdetektionen als durch Auswertung der Stromsignale.

Ohnehin sind die verfügbaren Schwinggeschwindigkeitssignale und Stromsignale im Prozessleitsystem nur mit geringer Abtastfrequenz (<1kHz) verfügbar und damit nicht für Spektral- oder Ordnungsanalysen verwendbar. Dennoch können die Zeitreihen der RMS-Werte dieser Signale einen Beitrag zu anderen Methoden leisten.

4.1.3 Plausibilität und Kennwerte

Die Überprüfung der Plausibilität durch Berechnung der physikalischen Zusammenhänge gilt nur in bestimmten Betriebsbereichen, die immer Teil einer Regel sein müssen. Beispielsweise gilt der Vergleich der Eingangs- und Ausgangsmomente nur, wenn alle Kupplungen geschlossen sind, keine Parksperre eingelegt ist, keine Drehmomente intern in die Dynamik fließen usw. Um präzise zu sein, müssen sehr spezifische Überprüfungsregeln definiert werden, die wiederum hohen Aufwand bedeuten. [84]

Die Berechnung von sehr grundsätzlichen, einfach zu berechnenden Kennwerten bringt kaum Mehrwert im Vergleich zu den ohnehin gesetzten Grenzwerten. Am Beispiel des Wirkungsgrades η wird dies klar, da dieser nur unplausibel wird, wenn Strom oder Spannung auf Batterieseite oder ein Drehmoment oder eine Drehzahl unplausibel werden. Diese elementaren Messgrößen werden selbst mit engen Grenzwerten überwacht.

4.1.4 Modelle

Nach [101] gilt, je komplexer der Prozess, desto komplexer ist auch ein geeignetes Modell des Prozesses. Dies gilt insbesondere bei der Erstellung von Paritätsgleichungen [44]. Der Umgang mit den Modellen in besonderen Betriebspunkten, wie beispielsweise bei Signalwerten nahe Null[3], sowie der Einfluss von im Modell nicht repräsentierten Störgrößen muss berücksichtigt werden [83]. Bei Paritätsmodellen und insbesondere bei Beobachtermodellen muss die Stabilität der Simulation geprüft werden [83].

Krieger [101] und Flohr [44] stellen bereits fest, dass modellbasierte Verfahren mit hohem Aufwand und hohen Kosten verbunden sind [101] und sich nur bedingt für die Diagnose an Prüfständen eignen. Flohr ergänzt, dass sich insbesondere der nötige Detaillierungsgrad zur Erstellung von Paritätsgleichungen für einmalige Prototypen nicht lohnt. Ähnlich stellt es sich auch bei Parameterschätzverfahren und Beobachtermodellen dar; auch hier ermöglichen nur präzise Modelle eine präzise Fehlerdetektion.

4.1.5 Diagnose im Steuergerät des Prüflings

Die Diagnoseergebnisse eines Steuergeräts sind laut [101] und [100] in der Prototypenphase oft nicht korrekt. Dies liegt unter anderem an der sich permanent ändernden Hardware und Software und den immer neuen Varianten von Zusammenbauten. Es kann nicht immer garantiert werden, dass die Diagnosesoftware auf dem Prototypensteuergerät im letzten Detail der aktuellen Variante entspricht. Ein weiterer Grund ist die zeitgleiche Entwicklung der Diagnosesoftware, so kommt es nicht selten vor, dass eine Diagnosefunktion noch nicht fertig entwickelt ist zum Zeitpunkt des Prüflaufs. Ein dritter Grund

---

[3]Herausforderungen sind: Wiederholende Vorzeichenwechsel, sowie die nicht mögliche Division durch Null.

für bedingt sinnvolle Diagnosen liegt an dem großen Umfang der Kommunika-
tionsüberwachung, die ein Steuergerät übernimmt. Die meisten Steuergeräte
des Fahrzeugs sind bei Antriebsstrangtests nicht real verbaut und werden über
eine Restbussimulation nachgebildet [129]. Wird ein Kommunikationsfehler
auf einem realverbauten Steuergerät erkannt, so liegt dies in vielen Fällen an
einer schlechten Nachbildung in der Restbussimulation [129]. Die insgesamt
geringe Zuverlässigkeit der ECU-internen Überwachung kann lediglich ein
ergänzender Schutz vor Schäden sein.

Die Methoden der Diagnose auf den Prüfstand zu übertragen, würde hohen
Aufwand bedeuten bei gleichzeitig geringem Nutzen, da grundsätzlich unter-
schiedliche Ziele verfolgt werden. Am Prüfstand wird eine allgemeingültige
Fehlerdetektion benötigt, wohingegen im Steuergerät eine präzise Aussage zum
Fehler für exakt die vorliegende Variante benötigt wird.

4.1.6 Ansätze aus anderen Fachbereichen

Das Konzept der Online-Partikelanalyse im Öl ist eine sinnvolle Ergänzung zu
den anderen vorgestellten Methoden. Da die Analysetechnik noch nicht auf dem
breiten Markt verfügbar ist, wird dies zumindest vorerst eine Nischenanwendung sein. Die übrigen vorgestellten Methoden basieren in irgendeiner Weise
immer auf Lernalgorithmen mit ausreichend großer Datenmenge von gleichen
oder zumindest sehr ähnlichen zu bewertenden Systemen. Diese Voraussetzung
ist bei Prototypen nicht gegeben.

4.1.7 Resümee

Das Potenzial der in diesem Kapitel vorgestellten Fehlerdetektionsverfahren
steht und fällt mit der Möglichkeit, Wissen aus vorhandenen Daten oder Modellen einzubringen. Fehlt es an Wissen, so werden die Methoden unpräziser
und der Aufwand steigt. Karthaus hat sich in [90] mit den Schwierigkeiten des
Wissenstransfers an den Prüfstand beschäftigt. Er beschreibt Verfahren zum
Wissenstransport mit großem Potenzial für erfolgreiche Erprobungen. Indes
gilt es auch zu bedenken, dass die Antriebsstrangerprobung vor immer neue

Herausforderungen gestellt wird und damit hochspezialisierte Methoden durch die fehlende Transparenz und Anpassbarkeit nicht geeignet sind.

4.2 Bewertung möglicher Fehler und Schäden

Im Einzelnen wurden die Schadensmechanismen bereits in Abschnitt 2.2 vorgestellt. Im Folgenden wird auf die Schwere der möglichen Schäden eingegangen und die Kritikalität, welche sich erst durch den Zusammenhang mit der Überwachung ergibt. Per se ist auch ein schwerwiegender Schaden nicht unbedingt kritisch, sofern dieser zuverlässig und rechtzeitig erkannt werden kann.

Die Tabelle 4.1 im folgenden Abschnitt greifen die Schadensmechanismen aus Kapitel 2.2 nochmals auf. Den Schadensbildern, bestehend aus Ursachen und Wirkungen, werden die möglichen Detektionsmechanismen zugeordnet. Anschließend wird auf die wesentlichen Schadensmechanismen der einzelnen Baugruppen und der Messtechnik eingegangen. Abschließend wird in einem Resümee der Handlungsbedarf aufgezeigt.

4.2.1 Schadensübersicht

In der Qualitätssicherung der Produktentwicklung mechatronischer Systeme hat sich die Fehlermöglichkeits- und Einflussanalyse (engl. *Failure Mode and Effects Analysis*) (FMEA) als das Standardwerkzeug etabliert. Die FMEA bewertet mögliche Fehler unter Berücksichtigung ihrer Ursachen und Auswirkungen sowie ihrer Eintrittswahrscheinlichkeit. Je nach Ausprägung werden zusätzlich die Detektionswahrscheinlichkeit und/oder Kritikalität des Fehlerfalls betrachtet. Wichtigste Ziele einer FMEA sind nach [170, 189]:

- Frühzeitige Identifikation möglicher Fehler, deren Ursachen und Folgen
- Ermittlung des aus dem jeweiligen Fehler entstehenden Risikos
- Ableitung von Maßnahmen zur Vermeidung des Risikos
- Ableitung von Maßnahmen zur Entdeckung des Fehlers
- Erstellung einer Dokumentation

Eine vollumfängliche FMEA zur Bewertung der Fehlerdetektion an Antriebsstrangprüfständen wäre gut geeignet, die Schwächen sowie deren Kritikalität
aufzuzeigen. Allerdings sind einige notwendige Voraussetzungen nicht erfüllbar.
So gilt nach Werdich [189]: „Erstellt wird die FMEA durch ein Team!" Das
Team soll möglichst alle Teilgebiete des zu betrachtenden Prozesses beurteilen
können und so gemeinsam die nötigen Daten zur Erstellung der FMEA erarbeiten. Insbesondere ist es nur den jeweiligen Experten möglich, Abschätzungen
zur Auftrittswahrscheinlichkeit eines Fehlers des Prüflings zu machen.

Die meist streng vertraulichen Daten zu Ausfällen bei ähnlichen, früheren
Projekten und detailliertes Wissen über die aktuelle Erprobung ermöglichen
allenfalls eine Einschätzung. Allgemeinere Aussagen zur Fehlerwahrscheinlichkeit sind dennoch sehr schwierig, denn eben diese Ausfallwahrscheinlichkeit zu
ermitteln, ist Ziel der Erprobung. Darüber hinaus ändern sich Aussagen zur Fehlerwahrscheinlichkeit von Prüfling zu Prüfling. So kann ein Experte einschätzen,
ob der aktuelle Prüfling eine verhältnismäßig geringe Fehlerwahrscheinlichkeit
hat, beispielsweise durch Produktverbesserungen, oder ob diese sogar gestiegen
ist, beispielsweise durch grenzgängige Auslegung. Dies zu verallgemeinern,
ist auch für Experten schwer. Unter den gegebenen Randbedingungen wird die
Fehlerwahrscheinlichkeit im Rahmen der Arbeit als unbekannt angenommen.

Aus den genannten Gründen ist eine vollständige FMEA nicht möglich, dennoch
lassen sich Teile davon anwenden, um die kritischen Fehlerdetektionspfade
zu erkennen. In Tabelle 4.1 werden, angelehnt an die Methoden der FMEA,
die in Kapitel 2.2 genannten Fehler nochmals aufgeführt. In der ersten Spalte
werden die Schadensmechanismen auf Bauteilebene aufgelistet. Zu den einzelnen Fehlern werden in Spalte zwei die Ursachen und die Fehlerwirkung
aufgelistet. Dabei wird nicht differenziert zwischen Ursache und Wirkung, da
dies aufgrund von Wechselwirkungen und Fehlerfolgen in vielen Fällen nicht
eindeutig möglich ist. Die Detektion des Fehlers erfolgt entweder durch Erkennen der Fehlerauswirkung (teilweise bereits zu spät) oder durch Erkennen der
Fehlerursache. Deshalb wird, sofern möglich, jedem Punkt aus Spalte zwei ein
Detektionsmechanismus zugeordnet.

Tabelle 4.1: Übersichtstabelle: Fehler und Detektionsmechanismen

Bauteil/Fehler	Ursache/Wirkung	Detektion
Stator-isolations-fehler	Übertemperatur	Temperatursensor in den Wicklungen
	Mechanische Beanspruchung durch Schwingungen	RMS-Schwingungswerte
	Fehler in Statortemperaturmessung	**Nicht erkennbar und kritisch**
	Fehler der Degradationsfunktion	**Nicht erkennbar und kritisch**
	Teilentladungen	Teilentladungsmessungen
	Windungsschluss oder Kurzschluss	Vergleich der Phasenströme **Bereits zu spät**
	Ungleiches Drehmoment, Laufunruhe	RMS-Schwingungswerte **Bereits zu spät**
Mechanischer Defekt des Rotors	Fertigungsfehler	RMS-Schwingungswerte
	Überlast	Drehmoment- und Stromgrenzwerte
	Schwingungsbeanspruchung	RMS-Schwingungswerte
Unwucht des Rotors	Fertigungsfehler	RMS-Schwingungswerte
	Schwingungen	RMS-Schwingungswerte

Bauteil/Fehler	Ursache/Wirkung	Detektion
Mechanischer Schaden an Magneten	Schwingungsbeanspruchung	RMS-Schwingungswerte
	Überlast	Drehmoment- und Stromgrenzwerte
	Überdrehzahl	Drehzahlgrenzwerte
Entmagneti-sierung	Übertemperatur	Temperatursensor im Rotor
	Nach Eintritt: ungleiches Drehmoment, Laufunruhe	RMS-Schwingungswerte Soll-Istwerte-Vergleich des Drehmoments **kritisch bereits zu spät**
Kupplung / Ausrichtung	Fehler bei der Fertigung oder im Aufbau	RMS-Schwingungswerte
Getriebe (Zahnrad)	Verschleiß	Akkustisch oder Schwingungen
	Pitting Körperschall und Ordnungsanalyse	
	Zahnbruch	Schwingungsverhalten **kritisch bereits zu spät**
Getriebe-wellen	Risse	RMS-Schwingungswerte
	Bruch	RMS-Schwingungswerte **kritisch bereits zu spät**

Bauteil/Fehler	Ursache/Wirkung	Detektion
Lager	Oberflächenschäden	Körperschall
	Schwingungen	RMS-Schwingungswerte
	Bruch von Lagerteilen	RMS-Schwingungswerte
Gleichlauf-schiebegelenk	Oberflächenschaden (Pitting)	Körperschall und Ordnungsanalyse oder RMS-Schwingungswerte
Defekter Temperatur-sensor	Kabelbruch oder Isolationsfehler, dadurch Sensor in Aussteuerung	Temperaturgrenzwerte
	Bruch des Sensors an der Oberfläche	**Nicht erkennbar und kritisch**
Defekter Schwingungs-sensor	Kabelbruch oder Isolationsfehler, dadurch Sensor in Aussteuerung	Schwingungsgrenzwerte
	Sensors löst sich an der Oberfläche	**Nicht erkennbar und kritisch**
Defekter Drucksensor	Kabelbruch, Isolationsfehler, defekte Druckleitung	Druckgrenzwerte
	Blase in Druckleitung	Nicht erkennbar aber unkritisch
Defekte Pumpe	Verschiedene mechanische oder elektrische Fehler	RMS-Schwingungswerte, Druck-, Volumenstrom-grenzwerte

Bauteil/Fehler	Ursache/Wirkung	Detektion
Schäden an der Aggregatelagerung	Zu hohe Last	Drehmomentengrenzwerte
	Verschleiss	RMS-Schwingungswerte, Sichtprüfungen
	Änderung im Schwingungsverhalten	RMS-Schwingungswerte

4.2.2 Bewertung möglicher Fehler der elektrischen Maschine

Eine Abschätzung der Häufigkeit der unterschiedlichen Fehlern in elektrischen Maschinen in Traktionsanwendungen gestaltet sich schwierig, da noch wenige Daten dazu verfügbar sind. Abbildung 4.2 zeigt eine Fehlerverteilung wie sie von [148, 168, 172] für andere Anwendungen recherchiert wurde.

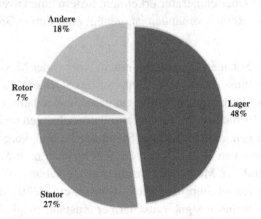

Abbildung 4.2: Fehlerverteilung elektrischer Maschinen

Bei den Untersuchungen von Binder [15] sind bis zu 60 % der Fehler auf den Stator zurückzuführen. Die große Spannbreite zeigt auch auf, wie schwierig es ist, allgemeine Aussagen zur Fehlerverteilung zu machen. Die konkreten Anwendungsfälle führen zu großen Unterschieden in der Fehlerverteilung. Es lässt sich allerdings festhalten, dass die Wicklungsdefekte Hauptursache der elektrischen Fehler sind. Dies unterstreicht auch Siddique in seiner Untersuchung [154]. Bei den mechanischen Schäden überwiegen bei weitem die Lagerschäden.

Da sich alle mechanischen Schäden bereits in ihrer Entstehung in Form von erhöhten Schwingungen äußern, lassen sich diese gut durch Quadratisches Mittel (RMS)-Schwingungsmessungen detektieren, wenngleich eine Diagnose ohne Frequenz- oder Ordnungsanalyse kaum möglich ist [168]. Dazu wäre zumindest die Schwingungssignatur von Nöten, welcher durch [86] großes Potenzial zugesprochen wird, sofern diese nicht im dynamischen Fall gemessen wird [65]. Auch die Fehlerdetektion ist im instationären Betrieb herausfordernder, aber möglich [168]. Die relativ gute Detektierbarkeit der mechanischen Fehler senkt deren Kritikalität deutlich.

Auch eine Entmagnetisierung der Permanentmagnete wäre durch veränderte Schwingungswerte erkennbar, allerdings ist in diesem Fall eine irreversible Schädigung bereits eingetreten. Die Detektion muss hier also an der Ursache ansetzen und die Übertemperatur erkennen. Sofern eine zuverlässige Temperaturmessung des Rotors vorhanden ist, genügt eine simple Grenzwertüberwachung.

Ebenfalls fataler Schaden entsteht bei einem Kurz- oder Masseschluss in den Windungen. Hier muss ebenfalls vor Eintreten des Schadens reagiert werden. Eine Grenzwertüberwachung der Schwingungen scheidet damit zur rechtzeitigen Erkennung aus. Es bleiben die Temperaturüberwachungen und die Erkennung von Teilentladungen. Alle im Kapitel Stand der Technik vorgestellten Methoden zur Detektion von Teilentladungen benötigen präzise Messtechnik und eine entsprechend der Methodik rauscharme Umgebung. Während des Betriebs eines Antriebsstrangprüfstandes ist weder ein elektromagnetisch noch akustisch oder chemisch signalrauscharmer Zustand möglich. Eine Online-Teilentladungsmessung wäre wünschenswert, ist aber mit den aktuellen Methoden nicht umsetzbar. Somit ist für diesen kritischen Fall die Überwachung der Temperatur die einzig realisierbare Methode und damit von höchster Bedeutung.

Die Temperaturmessung sowohl im sich drehenden Motor als auch innerhalb der HV-Wicklungen gestaltet sich äußerst schwierig. Die Temperaturmessstellen in den Wicklungen müssen während der Herstellung der Wicklung mit eingebracht werden. Da die Isolation in der Wicklung nicht zerstört werden darf, ist eine nachträgliche Anbringung eines Sensors unmöglich. Ähnlich verhält es sich bei der Temperaturmessung im Rotor. Eine Anbringung eines Sensors würde neben der Demontage und Montage eine neue Wuchtung notwendig machen. Darüber hinaus muss eine Telemetrie angebracht werden, um die Sensorsignale vom sich drehenden Rotor zu übertragen.[4]

Da weder Rotor- noch Statortemperaturen mit hochwertiger Prüfstandsmesstechnik versehen werden können, bleiben nur die Signale der Sensorik des Prüflings. Allerdings müssen die Zuverlässigkeit und Qualität dieser Signale aus verschiedenen Gründen in Frage gestellt werden. Sofern die üblichen Thermoelemente oder Platin-Messwiderstände genutzt werden, besteht ein hohes Risiko für elektromagnetische Störungen [153]. Unter Umständen werden solche Effekte in der ECU unter Zuhilfenahme anderer Messgrößen oder Modelle korrigiert. Häufig wird auf die reale Messung einer oder gar beider Temperaturen verzichtet und indirekt aus anderen Größen modelliert, beispielsweise bei [159, 160, 194]. Letztlich ist dem Prüfstandsbetreiber nicht bekannt, wie das Signal gemessen oder modelliert wird, wie die Signale nachbearbeitet werden und wie hoch der Validierungsgrad der Signalgenerierung und -aufbereitung ist. (Siehe auch die Messkette in Abbildung 5.3 in Kapitel 5.1.1, sowie allgemein zur Zuverlässigkeit der Signale der ECU in Abschnitt 2.3.5.) Ein Fehler bei der Temperaturmessung darf nicht außer Acht gelassen werden, zumal Tang in der Fallstudie [167] den Ausfall eines Temperatursensors als häufigsten Fehler innerhalb der elektrischen Maschine aufführt.

Neben den Modellungenauigkeiten der Temperaturmessung können auch weitere Fehler aus der ECU Auswirkungen auf den Prüfling haben. Laut der Literaturübersicht [110] liegen über ein Drittel der Fehler in der Ansteuerung der elektrischen Maschine oder dem Inverter. Besonders Fehler in der Derating-Funktion des Steuergeräts führen zu fatalen Schäden. Unter *Derating* im Zusammenhang mit elektrischen Maschinen wird nach [74] das gezielte Einsetzen der Leistungsminderung nach einer Überlastphase verstanden. Die stetig steigende Nachfrage nach höherer Leistung macht die Nutzung der Überlastfähigkeit von Maschi-

---

[4]Schleifringüberträger wären theoretisch auch möglich, sind aber für hohe Drehzahlen kaum verfügbar.

nen immer wichtiger, denn gerade im realen Fahrbetrieb kann die maximale
Leistung nicht über lange Zeit abgerufen werden. Die Vorteile der Nutzung
der Überlast werden in der aktuellen Forschung aufgezeigt, beispielsweise bei
[72] und [88]. Neben der simplen Leistungsreduktion linear zur Temperatur,
befinden sich auch neue komplexere Überlast- und Derating-Strategien in der
Entwicklung. Engelhardt zeigt in [38] wie man durch intelligente Derating-
Strategien leistungsfähigere Fahrzeuge bauen kann. Kommt es bei einer solchen
Derating-Strategie zu einer Fehlfunktion, ist ein fataler Defekt unabwendbar.

4.2.3 Bewertung möglicher Fehler im Getriebe

Abgesehen von den parasitären elektrischen Effekten sind die Schadensmechanismen in der Übersetzungsstufe der elektrischen Achse dieselben wie in
konventionellen Getrieben. Karthaus und Schenk zeigen in Abbildung 4.3 die
Verteilung der Fehlerklassen an konventionellen Antriebsstrangprüfständen. Die
auffällig vielen Abschaltungen wegen Drehzahlen sind laut [146] auf Fehler im
Schaltvorgang beim Öffnen oder Schließen der Kupplung zurückzuführen. Es
ist davon auszugehen, dass auch die Drucküberwachung in vielen Fällen der
hydraulischen Betätigung der Kupplungen oder hydrodynamischen Anfahrele-
menten zuzuordnen ist.

Aufgrund der geringen Gangzahl elektrischer Antriebsstränge und der damit
einhergehenden geringeren Gangwechsel ist die Auswertung in Grafik 4.3
nur teilweise gültig. Eine Prognose zu der Fehlerverteilung in der Zukunft
ist nicht möglich, zumal sich die Fachwelt noch mitten in der Diskussion zur
Gangzahl befindet. In der Tagespresse finden sich Aussagen wie bei [52] und
[24], denen zufolge ein Ein-Gang-Getriebe völlig ausreicht. Dem gegenüber
stehen Veröffentlichungen wie von Schmidt [147], der durch einen zweiten
Gang klare Vorteile im Hinblick auf Leistung, Effizienz und Akustik sieht. Dem
schließt sich auch [59] an, der aber auch große Herausforderungen bei den
Hochdrehzahlkupplungen sieht.

Die Kritikalität lässt sich nicht im Hinblick auf die Wahrscheinlichkeiten bewerten. Da aber die Schadensmechanismen bleiben, gelten weiterhin die aus
konventionellen Getrieben bekannten Überlegungen zum möglichen Schadens-
ausmaß. Überdrehzahlen sind meist eher unzulässig aus Sicht des Prüflaufs,

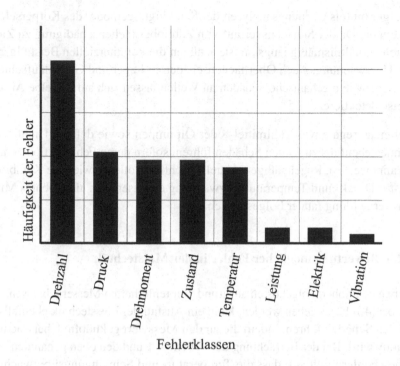

Abbildung 4.3: Fehlerklassen eines Getriebes nach [90, 146]

kritisch werden nur sehr hohe Überdrehzahlen, die aufgrund der entstehenden Fliehkräfte zu fatalen Folgeschäden führen können. Sehr kritisch sind überhöhte Drehmomente, sowohl am Getriebeeingang als auch am Rad, da diese unmittelbar zu einem Bruch an Bauteilen führen können. Die an einem Antriebsstrangprüfstand elementaren Drehzahl- und Drehmomentsignale sind sehr zuverlässig und können problemlos auf feste Grenzwerte hin überwacht werden.

Nach wie vor ist die Betriebsfestigkeitserprobung der Zahnräder im Fokus. Wie in Abschnitt 2.2.2 beschrieben ist dabei der kritische Fall der Zahnbruch, da dieser direkt zu Folgeschäden führt und unbedingt vermieden werden soll. Gemäß [121] sowie Abbildung 2.8 in Abschnitt 2.2.2 tritt üblicherweise zuerst Grübchenbildung, Pitting oder Fressen auf. Diese lassen sich teilweise durch das veränderte Schwingungsverhalten im Zeitbereich detektieren und zuverlässiger mittels Ordnungsanalysen der Schwingungen oder des Körperschalls erkennen. Da der Schadensverlauf von Zahnoberflächenschädigung zu Zahnbruch verhältnismäßig langsam ist, genügen die kommerziellen Beistellgeräte zur Überwachung. Auch Oberflächenschäden in Lager und Gleichlaufschiebegelenk sowie mechanische Schäden an Wellen lassen sich auf dieselbe Art und Weise detektieren.

Nebenaggregate wie Kühlmittel- oder Ölpumpen sowie defekte Dichtungen können ebenfalls zu fatalen Schäden führen, sofern deren Fehlfunktionen nicht erkannt werden. Regelmäßige manuelle Sichtkontrollen sowie eine Kombination aus Druck- und Temperaturüberwachung erweisen sich als probates Mittel zur Vermeidung fataler Folgeschäden.

4.2.4 Bewertung möglicher Fehler in der Messtechnik

Neben den hohen Folgekosten aufgrund von fehlerhaften Messergebnissen, wie sie bei [46] beschrieben werden, kann ein Ausfall der Messtechnik ebenfalls zu fatalen Schäden führen, indem die an den Messwert geknüpfte Überwachung inaktiv wird. Bei der Betrachtung der Tabelle 4.1 und den oben genannten kritischen Fehlern fällt auf, dass die Temperatur- und Schwingungsüberwachung entscheidende Faktoren zur Früherkennung verschiedenster Fehler sind. Dies unterstreicht auch die Arbeit von Alfes [5], der die Bedeutung der Schwingungsüberwachung für Wellen, Lager, Kupplungen und Zahnräder aufzeigt. Für die elektrischen Antriebe werden gemäß [143] und [168] zusätzlich die Temperaturen benötigt, um einen Fehlerindikator für nahezu alle Fehlerarten zu haben.

Fällt die Schwingungs- oder Temperaturüberwachung in einer unentdeckten Art und Weise aus, so kann ein einfach zu detektierender Fehler zu einem fatalen Fehler werden.

4.2.5 Zusammenfassung und Ableitung notwendiger Maßnahmen

Da sich die Schadensmechanismen der Verzahnungsstufen nur unwesentlich gegenüber der konventionellen Getriebeerprobung verändern, kann die über viele Jahre entstandene Fehlerdetektion weitergeführt werden, wobei auch hier ein unbemerkter Ausfall der Schwingungsmesstechnik als kritisch angesehen wird.

Bei der Überwachung der elektrischen Maschinen spielen die verfügbaren Temperaturen eine noch wichtigere Rolle. Eine Übertemperatur in der Wicklung oder an einem Permanentmagneten gilt es unbedingt zu vermeiden. Die unzuverlässige Temperaturmessung durch indirekte Signale aus der ECU sowie die fehlende Redundanz werden als äußerst kritisch angesehen.

Gültige Temperatur- und Schwingungssignale bilden die Grundlage der Schadensfrüherkennung. Unzuverlässige Messketten oder nicht entdeckte Messfehler sind nicht tolerierbar. Eine Plausibilisierung der Signale durch die Überprüfung, ob Werte in Aussteuerung gehen, ist nicht ausreichend. Die Zuverlässigkeit der Signale muss sichergestellt werden. Das große Potenzial der Schwingungs- und Temperaturüberwachung muss besser ausgeschöpft werden. Lediglich eine Obergrenze zu überwachen, ist nicht ausreichend. Engere Grenzen, um Auffälligkeiten auch außerhalb der kritischen Messpunkte zu detektieren, sind unabdingbar.

Die Temperaturüberwachung der unmodifizierten elektrischen Maschinen ist nicht ausreichend. Eine Form der Redundanz ist nötig. Kann die Maschine nicht mit zusätzlichen Temperaturmessstellen ausgerüstet werden, ist eine Simulation als alternative Redundanz nötig.

5 Optimierung der Überwachung und Früherkennung

Die Optimierung der Früherkennung konzentriert sich auf zwei Hauptbereiche: Die beiden bereits vorhandenen Säulen der Überwachung, die RMS-Schwingungswert- und Temperaturüberwachungen werden in ihrer Zuverlässigkeit und Präzision optimiert. Darüber hinaus wird die Überwachung der elektrischen Maschine um eine modellbasierte Überwachung ergänzt. In mehreren Teilbereichen der Methoden werden verschiedene Signale in Relationen zueinander gestellt, dazu ist eine solide Basis von Referenzsignalen unerlässlich. Die Auswahl und Schaffung einer soliden Grundlage bildet das erste Arbeitspaket.

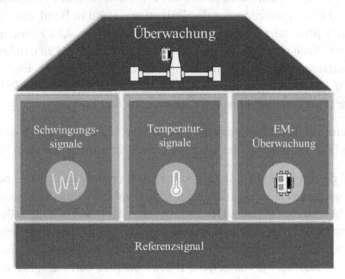

Abbildung 5.1: Bausteine der optimierten Überwachung

Zu Beginn des Kapitel 5.1 werden die Referenzsignale geschaffen und deren Zuverlässigkeit wird sichergestellt. Anschließend werden durch Verknüpfung der Referenzsignale mit Überwachungsgrößen Möglichkeiten zur präziseren

Überwachung erarbeitet. Diese werden in Abschnitt 5.3 durch wissensbasierte Regeln ergänzt. Um die Schwächen der Überwachung der EM zu verringern, wird eine zusätzliche Methode benötigt, die in Kapitel 6 vorgestellt wird. Um die grundlegende Funktionsweise der Optimierung der Überwachung und deren Einbettung in den Kontext einer Betriebsfestigkeitsuntersuchung zu erklären, werden kurz die Phasen eines Dauerlaufversuchs erläutert:

Aufbau: Der Aufbau beinhaltet die Mechanik, die Elektrik, die Anbindung an den Prüfstand, die Messtechnik sowie die Softwarekomponenten der Prüfstandssteuerung.

Inbetriebnahme: Nach der Überprüfung der Funktion einzelner Komponenten wie Messtechnik, RBS oder VES, wird das Gesamtsystem in Betrieb genommen. In dieser Phase arbeiten die Experten des Prüfstands und des Gesamtprüflings sowie nach Bedarf die Experten der Teilsysteme Hand in Hand, um sicher die einzelnen Schritte abzuarbeiten. Zunächst werden unkritische Konstantpunkte angefahren. Nach und nach steigert sich die Inbetriebnahme zu den kritischen Betriebspunkten, die jeweils unter Supervision der jeweiligen Experten der kritischen Bauteile angefahren werden. Abschließend wird mindestens ein kompletter Erprobungszyklus unter Supervision durchfahren.

Erproben: Der Erprobungszyklus wird etliche Male unbemannt wiederholt und lediglich zum Zwecke der Wartung oder Sichtprüfung unterbrochen.

Während der Erprobung ist im Gegensatz zur Inbetriebnahme keine oder eine nur stark zeitlich verzögerte manuelle Reaktion auf Fehler möglich, so dass fatale Schäden entstehen können. Daraus folgt, dass die Überwachung während der Erprobung entscheidend ist und im Anschluss an die Inbetriebnahme aktiviert werden muss. Der Zeitpunkt bringt einerseits den Vorteil mit sich, dass auf die bereits vorhandenen Messungen der Inbetriebnahme zurückgegriffen werden kann, andererseits ist nach der erfolgreichen Inbetriebnahme ein sofortiger Start der Erprobung gewünscht und damit kaum Zeit für eine zusätzliche ausführliche Implementierung von Überwachungsfunktionen. Abbildung 5.2 gibt eine Übersicht über den gesamten Ablauf der Implementierung und Parametrierung der optimierten Überwachung. Die auf der linken Seite hervorgehobenen Blöcke in der Abbildung ergeben sich aus Arbeitspaketen, die projektunabhängig, einmalig, vorab implementiert werden und anschließend, nach der Inbetriebnahme, lediglich zur teilautomatisierten Parametrierung der Überwachung dienen.

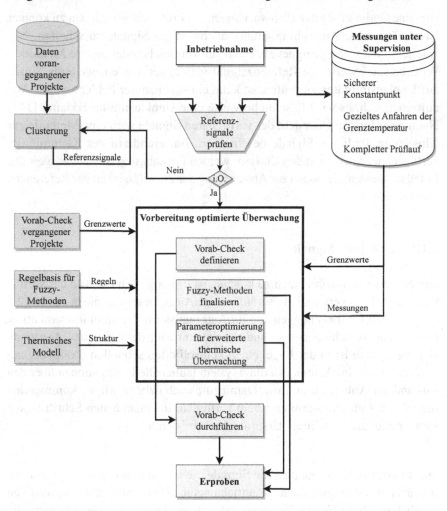

Abbildung 5.2: Gesamtübersicht: Optimierung der Überwachung

5.1 Bildung der Referenzsignale

Um eine Optimierung der Überwachungen am Prüfstand vornehmen zu können, ist es nötig, eine Auswahl qualitativ hochwertiger Signale zu schaffen. Nur solche Signale sind geeignet als Basis für Vergleiche oder andere Methoden. Wird beispielsweise ein Referenzsignal verwendet, um ein weiteres Signal auf Unplausibilitäten zu prüfen, so kann ein sogenannter Fehler zweiter Art[1] auftreten, d. h. es wird fälschlicherweise eine Unplausibilität erkannt. [141] Nach einer kurzen Übersicht der verfügbaren Signale wird eine Methode zur Clusterung ähnlicher Signale beschrieben. Basierend auf der Kenntnis der verfügbaren Signale und den Clustern werden faktenbasiert Signale ausgewählt. Letztlich werden Methoden zur Absicherung der Zuverlässigkeit der Referenzen beschrieben.

5.1.1 Verfügbare Signale

Um eine Auswahl vornehmen zu können, ist es nötig, sich ein Bild der verfügbaren Signale zu verschaffen. Bis auf wenige Ausnahmen sind die in Kapitel 2.3 vorgestellten Überwachungen alle im Automatisierungssystem implementiert. Das ist aus verschiedenen Gründen sehr sinnvoll, denn nur das Automatisierungssystem ist in der Lage, einen kontrollierten schnellen Stoppvorgang durchzuführen. Im Automatisierungssystem laufen alle Informationen über den Zustand der Anlage zusammen. Damit sind auch nahezu alle vorkommenden Signale im Automatisierungssystem verfügbar. In einem ersten Schritt lassen sich die Signale nach ihrem Ursprung kategorisieren:

Direkt oder indirekt gemessene Signale Das Automatisierungssystem verfügt über eine oder mehrere Messeinrichtungen, die unterschiedlichste Sensoren beinhalten. Diese liefern die Messwerte an das Automatisierungssystem, die direkt oder nach geeigneter Filterung verarbeitet werden können. Manche Prüfstände zeichnen über 1000 Signale auf [129].

---

[1]Auch β-Fehler genannt.

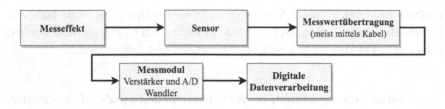

Abbildung 5.3: Messkette nach [129]

In [21] wird der Prüfstand als Ganzes, als ein großes Messgerät beschrieben, was verdeutlicht, welchen Stellenwert die Messtechnik als Teil des Prüfstandes einnimmt. Im Allgemeinen lässt sich schlussfolgern, dass in einem Prüfstand hochwertige Messtechnik verbaut ist. Dementsprechend sind die Zuverlässigkeit und Qualität der Signale auf einem hohen Niveau. Dennoch können in der gesamten Messkette (siehe Abbildung 5.3) Fehler entstehen.

Von externen Systemen an das Automatisierungssystem gesendete Signale Zusätzlich zu der zum Automatisierungssystem zugehörigen Messtechnik werden auch von allen Subsystemen wie beispielsweise den Umrichtern der An- und Abtriebsmaschinen Signale an das Automatisierungssystem gesendet. Diese erfassen ebenfalls wichtige Messwerte, wie beispielsweise Raddrehzahlen, und senden diese an das Prozessleitsystem. Im weiteren Sinne kann der Umrichter der Radmaschinen auch als Messmodul der Automatisierung angesehen werden. Die Messkette als Teil des Prüfstands ist ebenfalls bekannt.

Eindeutig nicht Teil der Automatisierung sind die ECUs des Prüflings, die ebenfalls über definierte Schnittstellen Signale an das Automatisierungssystem senden. Diese Signale sind aus verschiedenen Gründen eher kritisch zu bewerten im Hinblick auf Zuverlässigkeit und Qualität. Ein Hauptgrund dafür ist die nicht transparente Messkette solcher Signale. Das bedeutet, oft ist unklar, welche Qualität der Sensor, der Sensorverstärker, sowie die Analog-Digital-Wandlung aufweisen. Darüber hinaus ist unklar, ob bzw. wie das Signal digital aufbereitet wurde. Meist ist den Ingenieuren am Prüfstand nicht bekannt, ob das vom Prüfling übertragene Signal real gemessen wurde oder lediglich aus einem Beobachtermodell innerhalb der ECU stammt. Grundsätzlich kann ein

beobachtetes oder aus einer Simulation stammendes Signal auch eine hohe Zuverlässigkeit aufweisen, allerdings kann bei Prototypen nicht garantiert werden,
dass solche Funktionen hinreichend parametriert und validiert sind.

Im Automatisierungssystem berechnete virtuelle Signale　Die erfassten
Signale werden in teils hochkomplexen Simulationsmodellen weiterverarbeitet,
um daraus die Stellsignale für den nächsten Schritt zu berechnen. All diese
Signale sind verfügbar. Generelle Aussagen zur Qualität und Zuverlässigkeit
dieser Signale sind schwierig, denn die Berechnungen können unterschiedlichste Auswirkungen haben. So kann beispielsweise ein Mittelwert von mehreren
Sensoren ein virtuelles Signal erzeugen, das eine deutlich höhere Qualität und
Zuverlässigkeit aufweist, als die einzelnen Signale, andererseits kann eine Filterung oder Totzeit in der Berechnung die Signalqualität deutlich mindern. Viele
aktuelle Arbeiten wie [197, 197] nutzen die Evidenztheorie von Dempster und
Shafer zur Berechnung der Sensorzuverlässigkeit bei Signalen, die aus mehreren Sensoren kombiniert wird. Dies setzt allerdings eine umfassende Analyse
aller gemessenen Größen voraus. Neben den erfassten und virtuellen Istwerten
sind im Automatisierungssystem viele Sollwerte verfügbar. Offensichtlich ist
unklar, ob auf den Sollwert ein entsprechender Istwert folgt. Anderseits sind
Sollwerte im Hinblick auf das Zeitverhalten im Vorteil.

Eine allgemeingültige Aussage über die Qualität und Zuverlässigkeit von einzelnen Signalen lässt sich kaum treffen und hängt immer vom Einzelfall ab.
Selbst die hier genannten Kategorien werden durch Ausnahmen bestätigt. Deshalb ist es offensichtlich, dass nur Ingenieure am Prüfstand durch Betrachtung
der gesamten Messkette eines jeden Signales eine gute Einschätzung über die
Zuverlässigkeit und Qualität des Signales geben können.

5.1.2 Auswahl von Referenzsignalen

Alle am Antriebsstrangprüfstand aufgezeichneten Signale liegen in Form von
Zeitreihen vor. Bei der im Rahmen dieser Arbeit verwendeten beispielhaften
WLTP-Messung [37] sind dies ca. 100 prüflingsrelevante Zeitreihen. Komple-
xere Aufbauten mit mehreren ECUs und spezifischer Messtechnik erhöhen

die Anzahl der Signale teilweise drastisch. Aufgrund der in Kapitel 2.1.3 beschriebenen Prozesstakte liegt im Automatisierungssystem pro Takt jeweils ein gültiger Wert vor, der auch aufgezeichnet werden kann. Dadurch ergeben sich Messungen mit - im Rahmen der digitalen Darstellung möglichen - kontinuierlichen Wertebereichen zu äquidistanten, diskreten Zeitpunkten. Da die Betrachtung aller Messketten sowohl den Rahmen dieser Arbeit als auch die Arbeit eines Prüfstandsingenieurs übersteigt, wird in diesem Abschnitt eine Methode zur Auswahl von Referenzsignalen vorgestellt.

Ziel der Methode ist es, die verfügbaren Zeitsignale zu gruppieren, so dass innerhalb einer Gruppe möglichst ähnliche Signale sind und zwischen den Gruppen möglichst große Unterschiede herrschen. [132]

Als Maß der Ähnlichkeit bzw. der Ungleichheit wird entweder ein Distanzmaß oder ein Ähnlichkeitsmaß verwendet. Als Distanzmaß wird meist eine L-Norm[2] verwendet. Eine sehr häufig verwendete L-Norm ist die einfache und quadrierte Euklidische Distanz. Siehe dazu Kapitel 3.1. Distanzmaße bewerten den absoluten Abstand zweier Signale, was beispielsweise zur Folge hat, dass Drehzahlsignale eines Getriebes vor und nach einer hohen Übersetzungsstufe als sehr unterschiedlich erkannt werden. Aus diesem Grund wird für den vorliegenden Fall nicht ein Distanz- sondern ein Ähnlichkeitsmaß wie der Q-Korrelationskoeffizient verwendet. Hierbei wird das quantitative Niveau der Werte nicht betrachtet, sondern der qualitative Verlauf verglichen. [8, 132]

Dimensionsreduktion ist ein lange bekanntes Thema in der Wissenschaft und wird häufig durch die seit über 100 Jahren bekannte Hauptkomponentenanalyse gelöst [130]. Obwohl das Verfahren sehr gut geeignet ist die Dimension der Signale zu reduzieren, bringt die Einführung von Hauptkomponenten einige wesentliche Nachteile mit sich. So würde jede Hauptkomponente ein neues Signal darstellen, welches während der Laufzeit berechnet werden müsste. Nicht nur der zusätzliche Rechenaufwand stellt eine Herausforderung dar. Da eine Hauptkomponente aus der Summe unterschiedlich gewichteter anderer Signale erzeugt wird, wäre es unmöglich, die Zuverlässigkeit des neuen Signales sicherzustellen. Jeder Einzelfehler eines beliebigen Signals hätte Auswirkung auf die Hauptkomponente.

---

[2]Auch Minkowski-Metrik genannt.

Eine Alternative wird bei den in den letzten Jahrzehnten immer stärker auf-
kommenden Methoden des maschinellen Lernens gefunden. Diese bringen
neue Verfahren der Mustererkennung mit, die sogenannte Clusteranalyse[3]. Sofern, wie im vorliegenden Fall, keine Kategorien oder Merkmale der einzelnen
Gruppen vorgegeben werden, handelt es sich bei der Clusteranalyse um ein
unüberwachtes Lernen. Hinton und Sejnowski geben in [69] einen Überblick
über verschiedene Verfahren der Clusteranalyse. Die Anwendung auf Zeitreihen
findet sich bei [2, 8, 132]. Neben einigen selten verwendeten Varianten werden
im Wesentlichen das hierarchische und das partitionierende Clusteranalyseverfahren für Zeitreihen angewendet. [8, 132]

• Beim partitionierenden Verfahren wird zu Beginn die Anzahl der Cluster
  festgelegt. Anschließend wird durch Tauschen der Mitglieder der Cluster
  die Ähnlichkeit innerhalb eines Clusters und die Ungleichheit zwischen den
  Clustern erhöht. [85]
• Das hierarchische Verfahren kann entweder divisiv sein, d.h. beginnend mit
  einer Gruppe, die nach und nach unterteilt wird, oder wie meist verwendet
  agglomerativ, d. h. beginnend mit jedem Signal als einzelne Gruppe, die nach
  und nach zusammengefasst werden. [8, 85]

Da im vorliegenden Fall unklar ist, welche Anzahl an Gruppen gefunden wird,
wird hier ein hierarchisches agglomeratives Verfahren angewendet. Bei einem
hierarchischen agglomerativen Clusteranalyseverfahren lassen sich die Ergebnisse sehr gut in einem Dendrogramm darstellen (siehe Grafik 5.4). Entlang
der Abszisse sind alle Signale aufgetragen und über die Ordinate wächst die
Distanz. Die sehr anschaulichen Dendrogramme sind sehr gut geeignet, um
graphentheoretische Merkmale aufzuzeigen und den Menschen bei der Analyse
von Clustern zu unterstützen. [131] Durch die Wahl der Lage einer waagrech-
ten Linie im Dendrogram, welche die maximal zugelassene Distanz definiert,
wird die finale Anzahl an Gruppen festgelegt. Dies ist anschaulich graphisch
möglich.

Signale innerhalb eines Clusters sind ähnlich und unterscheiden sich stark von
Signalen in anderen Clustern. Durch die Wahl eines Referenzsignales aus jedem

---

[3]Cluster = engl. Ansammlung oder Gruppierung als Teil des Ganzen.

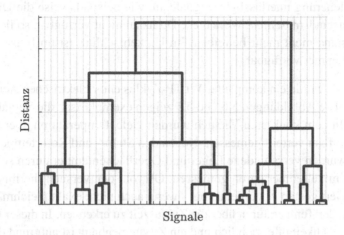

Abbildung 5.4: Dendrogramm

Cluster entsteht eine minimale und gleichzeitig divergente Auswahl an Signalen. Weitere Anforderungen an die final gewählten Referenzsignale sind:

Die Samplerate soll der Signalart der Gruppe entsprechen Oft lässt sich in einer Gruppe eine dominante Signalart erkennen, beispielsweise ein Drehmoment oder eine Temperatur. Entsprechend der Art der Gruppe sollte auch die Samplerate des Referenzsignals sein. Für eine Temperatur wären das beispielsweise 10 Hz, bei Drehmomenten 1 kHz.

Die Qualität soll hoch sein Insbesondere driftende Signale oder stark rauschbehaftete Messwerte sind ungeeignet als Referenzsignale, da diese bei späteren Vergleichen (siehe Kapitel statistische Methoden) zu Problemen führen würden. Besonders geeignet wären beispielsweise Mittelwerte mehrerer Signale.

Die Verfügbarkeit muss hoch sein Die Referenzsignale werden allgemein bestimmt, allerdings gibt es bei jedem Prüflauf Signale, die spezifisch sind und nicht in anderen Prüfläufen vorkommen. Diese sind nicht geeignet.

Die Zuverlässigkeit muss sehr hoch sein Das Referenzsignal muss während der Messung stets aktualisiert werden und ohne Aussetzer sein. Neben mehrfach gemessenen und somit plausibilisierten Signalen bieten sich auch

für die Steuerung unerlässliche Signale an, wie beispielsweise die Drehzahl
einer Prüfstandsmaschine. Wäre diese Drehzahl nicht verfügbar, so ließe sich
der Prüfstand nicht mehr betreiben. Im Umkehrschluss ist im Betrieb diese
Drehzahl immer verfügbar.

Beispielhaft wurde ein kompletter WLTP-Zyklus einer elektrischen Achse ausgewertet. Die Abbildungen 5.6 und 5.5 zeigen exemplarisch die Signale einer
Gruppe. In dem konkreten Versuch wurden viele Temperaturen über den gesamten Aufbau verteilt gemessen. Neben den Stator- und Rotortemperaturen
der EM wurden verschiedene Lager und Oberflächentemperaturen sowie Öl-
und Kühlmitteltemperaturen gemessen. Obwohl der Versuch thermisch vor-
konditioniert gestartet wurde, ist ein - wenn auch nicht exakt gleichmäßiges -
Ansteigen der Temperaturen über die Zykluszeit zu erkennen. In dieser Gruppe
ist die Ähnlichkeit offensichtlich und ein Zusammenhang ist aufgrund der Phy-
sik erwartbar. Auf die Benennung der einzelnen Signale wurde verzichtet, da
der exakte Verlauf der einzelnen Signale nicht von Relevanz ist. Lediglich das
ausgewählte normierte Referenzsignal $\vartheta_{La,norm}$ ist gekennzeichnet.

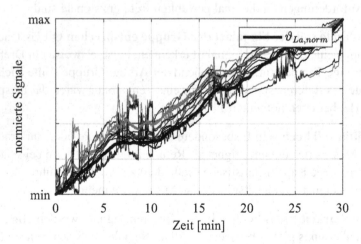

Abbildung 5.5: Cluster mit Lagertemperatur als Referenzsignal

Der direkt offensichtliche Zusammenhang wie in Abbildung 5.5 lässt sich in
Abbildung 5.6 auf den ersten Blick nicht erkennen. Gerade hier lässt sich die
Stärke der Methode zeigen. Die in diesem Fall zu einer Gruppe zusammenge-

stellten Signale sind die der RMS-Schwinggeschwindigkeitssensoren an drei
verschiedenen Stellen des Aufbaus sowie die Drehzahl von zwei unabhängi-
gen Sensoren. Die inversen Vorzeichen der beiden Drehzahlsignale werden
fehlerfrei als zusammengehörige Gruppe erkannt.

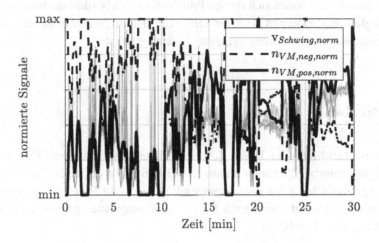

Abbildung 5.6: Cluster mit Drehzahl als Referenzsignal

Als Referenzsignal wurde in dieser Gruppe die positive Drehzahl der antreiben-
den EM verwendet. Anhand dieses Beispiels lässt sich auch die Notwendigkeit
der manuellen Auswahl erläutern. Grundsätzlich wären sowohl positive als
auch negative Drehzahlen geeignet. Im Zeitsignal lassen sich keinerlei Quali-
tätsunterschiede der beiden Signale erkennen. Dem Prüfstandsingenieur sind
die Messketten und verbauten Sensoren bekannt. Im konkreten Fall stammt das
positive Drehzahlsignal aus der fest zum Prüfstand zugehörigen Messtechnik.
Das Signal wird intern mehrfach gemessen, plausibilisiert und zur Steuerung
des Prüfstandes verwendet. Jeder fehlerhafte Wert könnte aufgrund der Steue-
rungsaufgabe nicht toleriert werden und würde unmittelbar zu einem Stopp
des Prüfstandes führen. Somit sind im Betrieb Fehlwerte ausgeschlossen und
damit ist das Signal ideal als Referenzsignal. Das negative Drehzahlsignal
hingegen wird von einer nicht im Detail bekannten Prüflingssensorik mittels
Signalabgriff zu Dokumentationszwecken erfasst. Ein Signalausfall wäre für

den Prüflauf nahezu bedeutungslos. Aus diesem Grund ist das Signal nicht als
Referenzsignal geeignet.

Wie im Flussbild Abbildung 5.2 zu Beginn des Kapitels beschrieben, kann
dieses Verfahren vorab und unabhängig von dem aktuellen Prüflauf geschehen.
Die Referenzsignale lassen sich für den Prüfstand an sich bestimmen und ändern
sich lediglich mit größeren Änderungen am Prüfstand, wenn beispielsweise
eine Messstelle eines Referenzsignals nicht verfügbar ist.

5.2 Statistischer Ansatz

Mit statistischen Methoden lassen sich viele Signalfehler erkennen. Dies trägt
zu weniger fehlerbehafteten Messungen bei und dient ergänzend der Früherkennung. Zunächst wird eine ergänzende statistische Prüfung aufgezeigt.
Anschließend wird auf Basis einer Referenzmessung eine optimierte Grenzwertüberwachung beschrieben.

5.2.1 Erweiterte statistische Überprüfung

Der von Flohr vorgeschlagene Vorab-Check gemäß Kapitel 2.3.3 ist sehr leistungsfähig, um fehlerhafte Temperatursensoren zu detektieren. Bei anderen
Sensoren ist diese Methode nicht zielführend, da keine Vergleichsbasis im
Stillstand bekannt ist. Liegen bereits vergangene Messungen eines Stillstand-
Checks vor, so kann mit deren Hilfe jeder sich dauerhaft am Prüfstand befindliche Sensor vorab überprüft werden. Bei einer fehlerfreien Messkette sind die
statistischen Werte wie Mittelwert, Median, Varianz oder Standardabweichung
im Stillstand immer ähnlich und damit vergleichbar mit den vorangegangenen
Messungen im Stillstand. Auch Sensorsignale, die ohne Betrieb lediglich einen
statischen Wert oder gar 0 als Mittelwert aufweisen, können durch Überprüfung der Varianz des Grundrauschens auf Defekte innerhalb der Messkette
überwacht werden. Im Hinblick auf die enorm wichtige Schwingungserfassung
lässt sich im Stillstand zwar ein Defekt der Messkette detektieren, allerdings ist
keine Wertplausibilisierung möglich. Hierfür wird ein zusätzlicher versuchss-

pezifischer Vorab-Check benötigt. Vor jedem Versuch wird ein einmalig beliebiger definierter Konstantpunkt angefahren und kurz gehalten. In diesem Punkt lässt sich die grundsätzliche Funktion automatisiert prüfen, denn alle RMS-Schwingungswerte müssen einen von Null verschiedenen nicht konstanten Wert aufweisen. Nachdem die erste Messung des Konstantpunktes gefahren wurde, kann diese ausgewertet werden und als Referenz dienen. Für zukünftige Vorab-Checks leisten die folgenden Kenngrößen sehr gute Ergebnisse:

- Vergleich von Median und Mittelwert mit Referenz
  Die Absolutwerte von Median und Mittelwert sind bei korrekten Messungen im Konstantpunkt nahezu gleich. Weicht der Mittelwert stark ab, deutet dies auf einzelne Messfehler hin.

- Vergleich der Standardabweichung mit Referenz
  Hierbei bietet es sich an, nicht die absolute Standardabweichung anzuwenden, sondern die relative Standardabweichung, den sogenannten Variationskoeffizienten, der sich gemäß Gl. 5.1 berechnet.

$$v = \frac{\sigma}{(\bar{x})} \qquad \text{Gl. 5.1}$$

- Prüfen des σ-Intervalls
  Die Anzahl der aktuellen Werte innerhalb des σ-Intervalls muss plausibel sein, d.h. die Messwertverteilung muss Tabelle ?? entsprechen.

Ein derartiger Start-Up-Check dient zur Sicherstellung der grundsätzlichen Funktion der Sensoren. Ein gleichartiger Test aller Referenzsignale ist leicht realisierbar und ergänzt die Zuverlässigkeit.

5.2.2 Optimierte Grenzwertüberwachung

Basierend auf dem Referenzsignal der jeweiligen Gruppe wird eine ergänzende dauerhafte Überwachung erstellt. Möglich sind diese optimierten Überwachungen für alle Signale, vorausgesetzt diese wurden in einem ersten Prüflauf bereits aufgezeichnet. Abbildung 5.7 zeigt den Verlauf der Schwinggeschwindigkeiten über der Zeit bei einem kompletten WLTP-Zyklus. Die gestrichelte rote Linie zeigt einen möglichen Grenzwert für eine Überwachung.

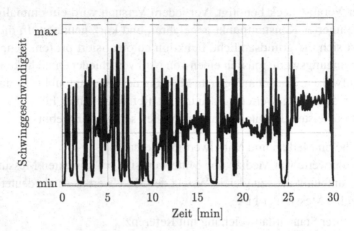

Abbildung 5.7: Schwinggeschwindigkeiten mit Abschaltgrenze in einem WLTP-Zyklus

Die Punktewolke in Abbildung 5.8 repräsentiert dieselben Daten der Schwingung, aufgetragen über dem Referenzsignal der Gruppe. In dem Fall lässt sich eine Tendenz zu stärkeren Schwingungen, bei höherer Raddrehzahl erkennen, sowie eine Resonanzanregung bei einer Raddrehzahl von $180 \, \text{min}^{-1}$.

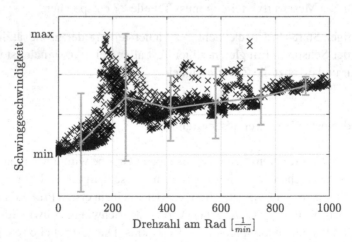

Abbildung 5.8: Schwinggeschwindigkeiten über der Drehzahl am Rad

Der Scatter-Plot wird in sechs Bereiche über der Drehzahl eingeteilt. In jedem Bereich werden sowohl der Mittelwert als auch die Standardabweichung gemäß Kapitel 3 berechnet. In Abbildung 5.8 zeigen die Punkte jeweils den Mittelwert und die Balken die zugehörige doppelte Standardabweichung. Die Werte der doppelten Standardabweichung lassen sich als Tabelle für eine bedingte Drehzahlüberwachung im Prozessleitsystem abbilden. Da innerhalb der zweiten Standardabweichung bei angenommener Normalverteilung der Messwerte per Definition 4,55 % der Werte den Bereich verlassen, muss dies ebenfalls berücksichtigt werden. Treten innerhalb kurzer Zeit zu viele Werte außerhalb des definierten Bereichs auf, so kommt es am Prüfstand zu einer Warnung und ggf. zu einer Abschaltung.

Dieses zur Absicherung der thermischen und der Schwingungssignale entwickelte Verfahren kann auch auf weitere, für den jeweiligen Prüflauf wichtige oder kritische Signale übertragen werden.

5.3 Erweiterung um Fuzzy

Die in Kapitel 5.2.2 beschriebene optimierte Grenzwertüberwachung ermöglicht in vielen Fällen eine präzise Detektion ungewöhnlicher Signalverläufe. Die größte Schwäche der optimierten Grenzwertüberwachung tritt zutage, wenn die überwachte fehlerhafte Größe direkte Auswirkungen auf die Referenzgröße hat. Ein solcher Fall kann insbesondere bei der Temperaturüberwachung eintreten. So beeinflusst eine ungewöhnliche Temperatur im Stator, Rotor oder auch in der Übersetzungsstufe direkt die Lagertemperatur, da zwischen den Bauteilen eine gute Wärmeübertragung vorhanden ist.

Eine ergänzende Temperaturüberwachung ist nötig, nicht nur um die oben genannte Schwäche auszugleichen, sondern vielmehr um das im Kapitel 2 beschriebene enorme Potenzial der Fehlerfrüherkennung auf Basis von Temperaturen auszunutzen. Unter Experten ist allgemein bekannt, dass ein ungewöhnlicher Temperaturverlauf meist nichts Gutes bedeutet und eine Diagnose erfordert. Die Herausforderung liegt darin, das empirische, implizite Expertenwissen an den Prüfstand zu übertragen.

Die Fuzzy-Logik aus dem Grundlagen-Kapitel 3.2.2 eignet sich, um die vagen Aussagen über Signalverläufe in digital verarbeitbare und quantifizierbare Regeln umzuwandeln [40]. Abbildung 5.9 gibt einen Überblick über die Methode.

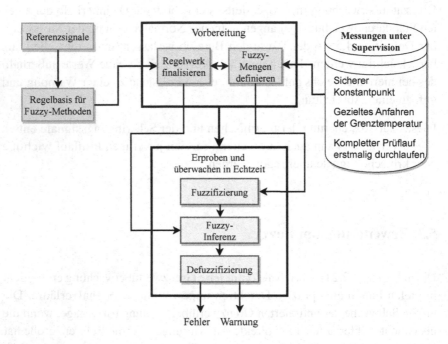

Abbildung 5.9: Ablauf der um Fuzzy erweiterten Überwachung

Das Regelwerk bildet das zentrale Element der Fuzzy-Methode und erfordert eine sorgfältige Ausarbeitung durch Experten. Es ist jedoch möglich, ein einmal erstelltes Regelwerk für unterschiedlichste Projekte zu verwenden. Die Wenn-Dann-Regeln werden in einer erweiterbaren Sammlung an Regeln abgelegt und können entsprechend der im Prüflauf vorhandenen Bauteile und Messstellen angewendet werden. Jede Regel bezieht sich auf das zu prüfende Signal, sowie ein oder mehrere Referenzsignale. Beispielhaft zeigt Tabelle 5.1 ein mögliches Regelwerk für die Ölsumpftemperatur $\vartheta_{\ddot{O}l}$ einer Übersetzungsstufe.

Tabelle 5.1: Regelwerk Temperatur im Ölsumpf der Übersetzungsstufe

Nr.	Wenn $\vartheta_{Öl}$	und P	und $\dot{\vartheta}_{Öl}$	dann
1	*kalt*	*mittel*	*fällt*	Warnung
2	*kalt*	*hoch*	*stagniert*	Warnung
3	*kalt*	*hoch*	*fällt*	**Fehler**
4	*betriebswarm*	*gering*	*steigt*	**Fehler**
5	*betriebswarm*	*mittel*	*steigt*	Warnung
6	*betriebswarm*	*mittel*	*fällt*	Warnung
7	*betriebswarm*	*hoch*	*fällt*	**Fehler**
8	*heiß*	*gering*	*fällt nicht**	Warnung
9	*sehr heiß*	-	-	**Fehler**

* zusätzliche Bedingung $|n| > 0$

Jede einzelne Regel ist leicht verständlich und verdeutlicht die Transparenz der Regeln. Am Beispiel von Regel 8 wird klar, wie sorgfältig ein Regelwerk zu erstellen ist. Die einfache Annahme, dass bei geringer Leistung die Temperatur fällt, gilt nicht uneingeschränkt. Es ist zu beachten, dass im Stillstand aufgrund der fehlenden Bewegung im Öl kaum Temperaturänderungen stattfinden. Nicht nur die nötige Sorgfalt, sondern auch die Anzahl der Regeln führt zu einem großen Aufwand bei der Erstellung des Regelwerks. Dies wäre im Projektablauf zwischen Inbetriebnahme und Beginn der Erprobung nicht machbar. Da die Regeln allgemeingültig sind, kann die Regelbasis nach einmaligem Aufstellen für unterschiedliche Erprobungen verwendet werden. Die Regeln werden lediglich, je nach Versuch, aktiviert.

Die Fuzzymengen werden auf der Basis der Referenzmessungen definiert, wobei auch hier auf allgemeingültige Regeln zurückgegriffen werden kann. Im Folgenden wird dies am Beispiel der Öltemperatur einer Übersetzungsstufe erklärt, lässt sich aber analog auf andere Signale übertragen.

Zunächst werden die Temperaturen in drei Bereiche eingeteilt, *kalt, betriebswarm* und *heiß*. Es ist davon auszugehen, dass der Referenzzyklus bei normaler Betriebstemperatur gefahren wird. Somit wird als normale *Betriebstemperatur* der Bereich zwischen dem ersten und dem dritten Quartil der Temperatur definiert. Die Temperaturen darüber gelten als *heiß* und darunter als *kalt*. Abbildung 5.10 zeigt die Bereiche innerhalb des ersten und zweiten WLTP-Zyklus, also einschließlich der ersten Aufwärmphase.

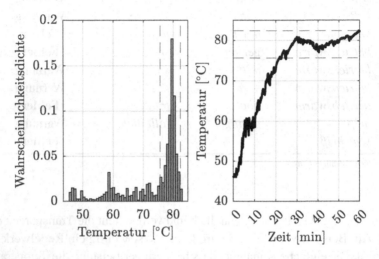

Abbildung 5.10: Veranschaulichung der Temperaturbereiche

Da im Allgemeinen im Rahmen der Inbetriebnahme in sicheren Betriebspunkten operiert wird, ist davon auszugehen, dass im späteren Betrieb Werte oberhalb bzw. unterhalb der Werte aus den Referenzmessungen vorkommen. Entsprechend der Idee von [118] werden oberhalb bzw. unterhalb aller bis dahin vorkommenden Werte zwei weitere Bereiche definiert: *Sehr heiß* und *sehr kalt*. Das Regelwerk wird dahingehend erweitert, dass alle für den Bereich *heiß* geltenden Fehler auch als Fehler im Bereich *sehr heiß* gelten, darüber hinaus werden aus Warnungen im Bereich *heiß* Fehler im Bereich *sehr heiß*. Entsprechendes gilt auch für die Bereiche *kalt* und *sehr kalt*.

In Abbildung 5.11 sind die Verläufe der Öltemperatur einer Übersetzungsstufe innerhalb eines WLTP-Zyklus zu sehen. Die graue Kurve zeigt den normalen Temperaturverlauf innerhalb eines fehlerfreien Zyklus, der schwarzen Kurve hingegen liegt ein WLTP-Zyklus zugrunde, in dem aufgrund eines Fehlers der Fahrwiderstand erhöht ist. Beide Fälle stammen aus dem laufenden Betrieb, das heißt die Temperaturen sind grundsätzlich bereits eingeschwungen. Die anfänglich geringere Starttemperatur des fehlerbehafteten Zykluses ist auf eine Reaktion der Kühlungsregelung von Prüfling und Prüfstand zurückzuführen. Es ist davon auszugehen, dass der Fehler knapp vor Ende des vorherigen Zykluses oder in der Zeit zwischen den beiden Zyklen auftrat. Sowohl die Temperaturregelung des Prüfstandes, die durch Zuschalten von Lüftern und auf die Absenkung der Kühlmitteltemperatur reagiert, als auch der Prüfling selbst, der den Kühlmitteldurchfluss anpasst, tragen zu einer verstärkten Kühlung bei. So kam es zwischen den Zyklen zu einer Absenkung der Öltemperatur und auch während des fehlerbehafteten Zyklus versuchen die Temperaturregler die Abweichung auszuregeln, was dazu führt, dass der Zyklus trotz des Fehlers zu Ende gefahren werden konnte und die Temperatur nie den Abschaltwert der Grenzwertüberwachung erreicht.

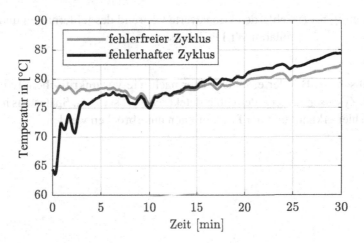

Abbildung 5.11: Temperaturverlauf eines fehlerhaften und eines regulären WLTP-Zykluses

Während beider Zyklen wurden die Fuzzy-Regeln gemäß Tabelle 5.1 angewendet und daraus für jeden Zeitpunkt ein Fehlerdetektionswert berechnet. Das Ergebnis ist in Abbildung 5.12 zu sehen. Sowohl die übermäßige Erwärmung, aufgrund des erhöhten Widerstandes, als auch die vermehrte Kühlung führen bereits früh zu Warnungen, obwohl die Temperatur in diesem Bereich noch

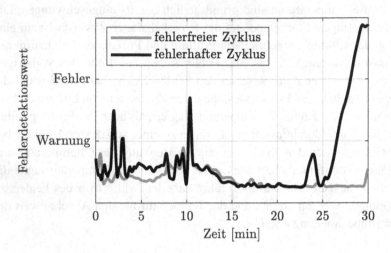

Abbildung 5.12: Fehlerdetektionswerte während des fehlerhaften und des regulären WLTP-Zykluses

unkritisch ist. Bei der erhöhten, aber nach wie vor unkritischen Temperatur gegen Zyklusende steigt der Fehlerdetektionswert stark an. Spätestens hier wird ein Fehler erkannt und der Prüflauf kann unterbrochen werden.

6 Daten- und modellgestützter hybrider Überwachungsansatz

Die im vorigen Kapitel aufgezeigten Methoden verbessern die Fehlerdetektion erheblich, vorausgesetzt, die gemessenen Temperaturen werden zuverlässig und realitätsgetreu an das Prozessleitsystem übertragen. Ob dies für die Stator- und Rotortemperatur eines Prototyps am Prüfstand zutreffend ist, muss nach Kapitel 4.2.2 kritisch betrachtet werden. Bei Betrachtung der Messkette in Abbildung 6.1 vom Temperatursensor bis zum Prüfstand wird deutlich, dass sowohl der Teil in der EM als auch in der ECU für die Prüfstandsmitarbeiter intransparent ist.

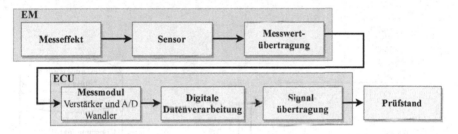

Abbildung 6.1: Messkette Temperaturen in EM

Ein besonders kritischer Folgefehler falscher Temperaturmesswerte in der ECU wäre ein nicht oder deutlich zu spät einsetzendes Derating. Grundsätzlich sind Fehlfunktionen in der ECU in der frühen Entwicklungsphase nicht selten, wie bereits in Kapitel 4.1.5 beschrieben.

Aus diesem Grund wird zur Sicherstellung dieser kritischen Überwachung ein geeignetes Modell benötigt. Die Randbedingungen und Anforderungen an das Modell sind herausfordernd, da einerseits eine ausreichende Genauigkeit nötig ist, andererseits nur wenige Daten und wenig Wissen verfügbar sind. Darüber hinaus darf im Rahmen der Inbetriebnahme kein hoher zusätzlicher Aufwand entstehen, wie z.B. durch Fahren und Auswerten von definierten

© Der/die Autor(en), exklusiv lizenziert an
Springer Fachmedien Wiesbaden GmbH, ein Teil von Springer Nature 2024
E. Brosch, *Online-Überwachung elektrischer Antriebsstränge im Prüfstandsumfeld*, Wissenschaftliche Reihe Fahrzeugtechnik Universität Stuttgart, https://doi.org/10.1007/978-3-658-44420-4_6

Testmessungen. Erschwerend kommt hinzu, dass von Prüfling zu Prüfling unterschiedlich belastbare Informationen verfügbar sind.

6.1 Methodik

Die Grundidee ist, ein möglichst allgemeingültiges Modell zur Simulation der Temperaturen zu erstellen. Das Simulationsmodell wird entsprechend der Erprobung auf den jeweiligen Prüfling angepasst und anschließend unter Einbeziehung erster Messungen parametriert. Abbildung 6.2 gibt einen Überblick über die Methode.

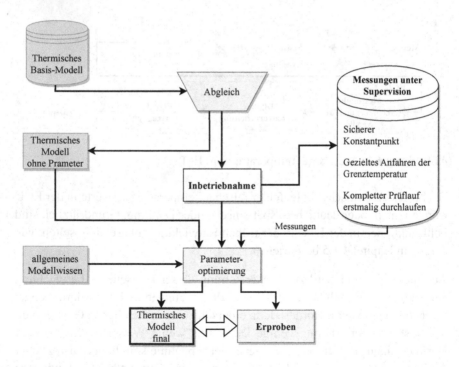

Abbildung 6.2: Übersicht über die Methode zur Erstellung des thermischen Modells

Im ersten Schritt wird ein von der Erprobung unabhängiges, möglichst allgemeingültiges Modell zur Simulation der Temperaturen in der EM erstellt. Dieses einmalig angefertigte Basis-Modell dient als Grundlage für alle Erprobungen. Während sich der reale Prüfling im Aufbau befindet, wird das thermische Modell mit den vorhandenen Informationen abgeglichen. Zunächst wird die kritische zu überwachende Größe definiert und das Modell an die verfügbaren Eingangssignale angepasst. Je nach Aufbau unterscheiden sich die Eingangs- und Zielgrößen. Beispielsweise kann bekannt sein, dass die Statortemperatur in allen Wicklungen redundant gemessen wird und dadurch plausibilisiert und sehr zuverlässig ist. In diesem Fall wäre die Statortemperatur eine geeignete Eingangsgröße und die Rotortemperatur als kritische Temperatur zu überwachen. So entsteht das zur Erprobung passende thermische Modell, allerdings zunächst mit unbekannten Parametern.

Während der Inbetriebnahme mit dem neu aufgebauten Prototyp werden Messungen unter Supervision gefahren. Dabei werden die kritischen Temperaturen im Rotor und den Wicklungen stets beobachtet. Insbesondere beim Anfahren kritischer Punkte wird auf das korrekte Einsetzen der Derating-Funktion geachtet.

Weiteres allgemeines Wissen zu den Modellen sowie weiteres verfügbares Wissen zu dem konkreten Prüfling nutzen Experten um damit Bereiche für alle Parameter zu definieren. Mit den vorhandenen Messungen der Inbetriebnahme wird im nächsten Schritt ein Optimierungsproblem aufgestellt. Ziel ist es, einen Satz an Parametern zu finden, der die Messdaten gut nachbildet. Zur Lösung der Optimierungsaufgabe kann auf einen am Prüfstand verfügbaren schnellen, aber nicht notwendigerweise echtzeitfähigen Computer zurückgegriffen werden. Die gefundenen Parameter werden anschließend an den Echtzeitrechner zurückgegeben und das finale schnellrechnende thermische Modell kann parallel zum Prüflauf in Echtzeit mitgerechnet werden.

Das nun gefundene und parametrierte finale thermische Modell übernimmt während der Erprobung die Plausibilisierung der Temperaturen. So kann bei einer zu großen Abweichung zwischen der simulierten und der realen Temperatur eine Warnung oder Abschaltung eingeleitet werden. Darüber hinaus wird das thermische Modell auch verwendet, um die Deratingfunktion zu überwachen. Dazu wird die simulierte Temperatur auf einen Grenzwert überwacht. Übersteigt die Temperatur die Grenze und kein Derating setzt ein, liegt ein Fehler vor.

6.2 Auswahl des thermischen Modells

In der Literatur finden sich zwei grundsätzlich verschiedene Ansätze, um auf die Temperaturen im Inneren der Maschine zu schließen, ohne einen Temperatursensor anzubringen. Ein vielversprechender Ansatz beruht auf der Idee, temperaturveränderliche elektrische und magnetische Parameter zu bestimmen und mittels Methoden der Sensorfusion oder über regelungstechnische Beobachter auf die tatsächliche Temperatur zu schließen. Neben diesem im nächsten Abschnitt vorgestellten Ansatz werden im darauffolgenden Abschnitt die im Rahmen der Arbeit verwendeten thermischen Netzwerkmodelle eingeführt.

6.2.1 Temperaturbeobachter

Der elektrische Widerstand einer Kupferleitung ist durch den Widerstand bei Raumtemperatur R_0 sowie den Temperaturkoeffizienten α_{el} in Abhängigkeit der Temperatur definiert durch:

$$R_{el}(\vartheta) = R_{el,0} \cdot (1 - \alpha_{el}(\vartheta - \vartheta_0)) \qquad \text{Gl. 6.1}$$

Ebenfalls temperaturveränderlich ist die magnetische Flussdichte definiert:

$$B(\vartheta) = B_0 \cdot (1 - \alpha_{mag}(\vartheta - \vartheta_0)) \qquad \text{Gl. 6.2}$$

Gelingt es, die tatsächlichen Werte des Widerstands und der Flussdichte zu bestimmen, kann daraus direkt die Temperatur berechnet werden. In der Literatur finden sich beispielsweise bei [51, 139, 160] realisierte Beobachtermodelle für die elektromagnetischen Größen respektive für die Temperatur. Huber stellt in [76] fest, dass diese Art der Modellierung durch Beobachterstrukturen sehr anfällig für Modellungenauigkeiten oder Messfehler ist, was diese für eine Anwendung an einem dynamischen Antriebsstrangprüfstand schwer macht. Darüber hinaus stellt Huber fest, dass ohne Einkopplung eines überlagerten Signals auf die Phasenströme keine ausreichenden Ergebnisse erreicht werden können. Da eine Modifikation des Prüflings und insbesondere eine Modifikation der essentiellen Phasenströme ausgeschlossen ist, scheiden Verfahren dieser Art aus.

6.2.2 Thermisches Simulationsmodell

Neben den Beobachtern stellen die Simulationsmodelle eine weitere Möglichkeit dar auf die Temperaturen zu schließen. Das in Echtzeit parallel zum realen Prüflauf ausgeführte Simulationsmodell erhält reale Eingangsgrößen und berechnet daraus die Temperaturen. Wünschenswert wäre ein sogenanntes *White-Box-Modell*, welches vollständig theoretisch hergeleitet wurde und folglich die zugrundeliegenden physikalischen Prozesse sehr gut abbildet. Im Gegensatz dazu stehen *Black-Box-Modelle*, welche vollständig ohne Wissen der physikalischen Grundlage einen Prozess modellieren, mit dem Ziel, vorher erstellte Messdaten nachbilden zu können. [75, 184] *Black-Box-Modelle*, die beispielsweise mit künstlichen neuronalen Netzen realisiert werden können, haben einen entscheidenden Nachteil: Das Zustandekommen des Ergebnisses bleibt im Dunkeln [157]. Dies führt insbesondere dann zu Schwierigkeiten, wenn das Modell später auf veränderte Anforderungen angepasst werden soll. Andererseits ist die Erstellung eines *White-Box-Modells* sehr aufwendig und in Anbetracht der dünnen Informationslage zum Prüfling schlicht unmöglich. Aus diesem Grund wird ein sogenannter *Grey-Box-Ansatz* gewählt, bei dem versucht wird, die wichtigsten physikalischen Zusammenhänge mit dem verfügbaren Wissen abzubilden.

Ein geeignetes Modell stellen die thermischen Netzwerkmodelle dar, die in der Literatur häufig verwendet werden, um thermische Vorgänge in elektrischen Maschinen zu simulieren, beispielsweise bei [38, 93, 120, 123, 127, 133, 142, 174, 184]

Die Struktur ist intuitiv verständlich, da sich das Modell an Bauteilgrenzen orientiert. Dies macht auch spätere Modifikationen einfach möglich. Die Herausforderung liegt ohnehin weniger in der Erstellung, sondern vielmehr in der Parametrierung aus dem wenigen verfügbaren Wissen. Hierfür werden Lernmethoden wie beim *Black-Box-Ansatz* verwendet.

6.3 Thermisches Netzwerkmodell

Die grundsätzliche Funktionsweise der thermischen Netzwerkmodelle wurde bereits im Abschnitt *Grundlagen* 3.3 an einem Einknoten-Modell erläutert. Meist werden deutlich mehr Knoten verwendet, wobei deren Anzahl in der Literatur stark divergiert. Beginnend mit dem genannten Einknoten-Modell finden sich Einsatzgebiete für jegliche Knotenanzahl bis hin zu thermischen Finite-Elemente-Methode (FEM)-Simulationen, die prinzipiell auch thermische Netzwerke sind, allerdings mit sehr vielen Knoten.

Grundsätzlich sind sich die thermischen Modelle der verschiedenen elektrischen Maschinen sehr ähnlich. So sind die physikalischen Zusammenhänge der Wärmeübertragung zwischen Statorwicklung, Statorblechpaket und dem sich drehenden Rotor bei ASM und SM die gleichen, was auch daran zu erkennen ist, dass das in diesem Kapitel entwickelte Modell in ähnlicher Form in der Literatur beispielsweise bei [53] zu finden ist. Teilweise wird im folgenden der Fokus auf die PMSM gelegt, was einerseits mit der höheren Relevanz der Rotortemperatur bei der PMSM zu begründen ist, andererseits zeigt eine aktuelle Studie [145], dass sich die derzeitige Entwicklung der elektrischen Fahrzeugantriebe insgesamt auf die PMSM konzentriert. Laut der Studie setzt sich der Trend zu SM aufgrund der immer höheren Ziele bezüglich der Leistungsdichte weiter fort und wird allenfalls durch Erhöhung der Reluktanz-Anteile ergänzt. Ein Trend zur ASM ist nicht zu erkennen.

6.3.1 Topologie des thermischen Modells

Bei der Auslegung der Topologie des thermischen Netzes stellt sich die Frage, wie viele konzentrierte Elemente benötigt werden? Hierfür gibt es, wie so oft, nicht die eine allgemeingültige Antwort, sondern diese hängt stark von den

Anforderungen ab. Paar stellt in [127] ein thermisches Modell einer gesamten elektrischen Antriebseinheit, bestehend aus elektrischer Maschine und einer Übersetzungsstufe, auf. Zunächst verwendet er 21 Knoten und betrachtet die wesentlichen Wärmeflusspfade. Er stellt fest, dass sich das Modell im Kern auf die vier Knoten Kühlmantel, Stator, Wicklung und Rotor zusammenfassen lässt. Németh [122] und Huber [76] gehen den umgekehrten Weg und starten mit einem bzw. zwei Knoten (Stator und Rotor) und ergänzen diese. Klar ist, mehr Knoten bedeuten nur dann genauere Ergebnisse, wenn auch die zugehörigen Parameter hinreichend genau bestimmt werden. Huber geht in diesem Zusammenhang auf das Bias-Varianz-Dilemma ein; es beschreibt das Problem, dass zu wenige Knoten unter Umständen keine ausreichende Genauigkeit ermöglichen, zu viele hingegen die Wahrscheinlichkeit für überangepasste Systeme erhöht, welche die zugrundeliegenden physikalischen Zusammenhänge nicht mehr nachbilden. Somit ist das Ziel, so wenige Knoten wie möglich und so viele wie nötig.

Zunächst müssen die Anforderungen an das thermische Netzwerkmodell definiert werden; diese sind:

Simulationsziel sind die Stator- und/oder Rotortemperatur Entweder ist eine der beiden Temperaturen gegeben und die jeweils andere ist Ziel der Simulation oder gar beide Temperaturen sollen simuliert werden.

Schnellrechnend Das finale parametrierte Modell muss während des Betriebs des Prüfstandes mit auf den Echtzeitrechnern berechnet werden. Gemäß 2.1.2 ist die verfügbare Rechenkapazität auf Echtzeitrechnern knapp.

Allgemeingültig Der Kern des Modells soll projektübergreifend gleichbleiben, sodass es bei verschiedenen Prüflingen lediglich neuer Parameter, aber keines gänzlich neuen Modells bedarf. Dies soll insbesondere auch dann gelten, wenn Stator- und Rotortemperatur als Eingabe- und Zielsignal vertauscht werden.

Transparent und anpassbar Die durchzuführenden Tests können sehr unterschiedliche, auch neuartige Prüflinge und Prüfziele mit sich bringen. Dies kann dazu führen, dass für konkrete Fälle eine Anpassung des Modells nötig wird, auch wenn dies im Widerspruch zu dem vorigen Punkt steht. Damit dies möglich ist, muss die Modellstruktur transparent und verständlich sein.

Aus den Anforderungen ergibt sich, dass Modelle hoher Ordnung nicht in Frage kommen. Zusätzlich würde dies die Parametrierung erheblich erschweren, was den folgenden Abschnitten zu entnehmen ist. Die Modellierung anhand von Bauteilgrenzen hat sich etabliert und dient auch dem Ziel eines transparenten Modells. Um allen Anforderungen gerecht zu werden und gleichwohl möglichst genaue Ergebnisse zu erzielen, wird ein sehr einfaches Basismodell mit umschaltbaren Ein- und Ausgängen erstellt. Zum Zweck der Anpassung an die Gegebenheiten und Anforderungen des einzelnen Prüflings werden mögliche Ergänzungen anhand der Literatur oder Versuchen diskutiert.

Basismodell

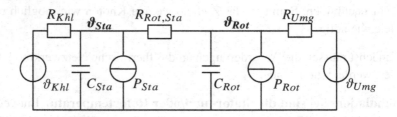

Abbildung 6.3: Basismodell des thermischen Netzwerkes

Das Basismodell ist definiert durch die beiden Knoten Stator und Rotor vgl. [122] [76]. Diese Bauteile zeichnen sich aus durch deren konzentrierte thermische Massen C_{Sta} und C_{Rot} mit der Temperatur ϑ_{Sta} und ϑ_{Rot}. In den jeweiligen Knoten wird die im Stator entstehende Verlustleistung P_{Sta} bzw. die des Rotors P_{Rot} in Wärme umgewandelt. Thermisch gekoppelt sind die beiden Knoten über den thermischen Widerstand $R_{Sta,Rot}$. Die beiden anderen thermischen Widerstände repräsentieren jeweils die Kühlung der Bauteile.

Bei [98] und [122] findet sich das Modell ohne einen Wärmeleitpfad zwischen Rotor und Umgebung. Dies scheint auf den ersten Blick eine legitime, weil plausible Vereinfachung, da der Rotor vom Stator umgeben ist und dorthin seine Wärme abgibt. Außerdem ist der Wärmewiderstand zwischen Rotor und Umgebung ohnehin relativ hoch. In [98] wurden damit auch gute Ergebnisse erzielt. Allerdings stellt Huber fest, dass dies implizit bedeutet, dass der Rotor keine Möglichkeit hat, unter die Statortemperatur gekühlt zu werden [76]. Tatsächlich tritt dieser Fall in den in der Arbeit verwendeten Messungen mit 19,64 % relativ häufig auf. Aus diesem Grund kann auf einen thermischen Widerstand zwischen Rotor und Umgebung nicht verzichtet werden. Ist der Rotor flüssigkeitsgekühlt oder wird die zur Kühlung verwendete Luft aktiv temperiert, so wird entsprechend ein thermischer Übergang dazu modelliert.

Je nachdem, welche Informationen über die Kühlung der EM verfügbar sind, ändert sich dieser Teil geringfügig. Sind Kühlkreise und Temperaturverhalten nicht Teil des Erprobungszieles, so werden die einzelnen Bauteile stets mit der idealen Kühlmitteltemperatur durch die leistungsfähige Prüfstandskühlmitteltemperierung versorgt. In diesem Fall kann die Kühlmitteltemperatur ϑ_{Khl} als gemessene Eingangsgröße verwendet werden, die zu jedem Zeitschritt die aktuelle Kühlmitteltemperatur in das System einspeist. Ist die Prüfstandskühlanlage so leistungsfähig, dass die Kühlmitteltemperatur keinen vom Betriebspunkt des Prüflings abhängigen Schwankungen unterliegt, so kann die Kühlmitteltemperatur im Modell als Konstante angenommen werden. Ist hingegen der Kühlkreis mit im Fokus der Erprobung, so ist dieser auch mit Sensorik zu versehen. Damit sind in jedem Zeitschritt die Eintritts- und Austrittstemperatur des Kühlmittels, sowie dessen Volumenstrom bekannt. Daraus lässt sich mit Gleichung Gl. 6.6 die entnommene Wärmeleistung berechnen. In diesem Fall kann der Wärmestrom aus dem Knoten ϑ_{Sta} als Wärmesenke[1] modelliert werden.

Topologische Erweiterungen

Je nach Aufbau können topologische Anpassungen zur Steigerung der Präzision des Modells sinnvoll oder gar nötig sein.

Lagertemperatur als zusätzlicher thermischer Knoten Sofern Temperaturen an thermisch verbundenen Bauteilen gemessen werden, können diese ebenfalls ergänzend in das Modell aufgenommen werden. Beispielhaft wird

---

[1]Mathematisch sowie im Modell ist eine Wärmesenke gleich einer Wärmequelle mit umgekehrtem Vorzeichen.

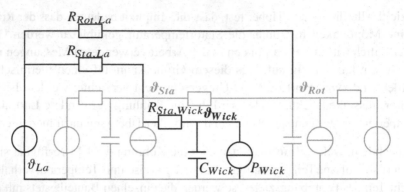

Abbildung 6.4: Erweiterung des thermischen Netzwerkes

dies gezeigt an der gemessenen Temperatur des Rotorlagers der EM. Da das Lager häufig mit im Fokus der Erprobung steht, ist eine hochwertige Messstelle verbaut, so dass die Rotorlagertemperatur verfügbar ist. Das Lager hat eine thermische Verbindung sowohl zum Rotor als auch zum Stator. Entsprechend ergeben sich zwei thermische Verbindungen, wie in Abbildung 6.4 zu sehen.

Drei thermische Massen   In der Literatur wird immer wieder auf die schlechte Nachbildung der kritischen Temperatur in der Statorwicklung bzw. dem Wickelkopf hingewiesen [38, 76]. Meist wird aus diesem Grund auf das Modell um einen weiteren Knoten erweitert. Als Dreikörpermodell bieten sich der Stator, die Wicklungen mit Wicklungskopf und der Rotor mit den Permanentmagneten an, entsprechend der Abbildung 6.4. [76, 122]

Eine Kombination der beiden oben genannten topologischen Erweiterungen ist ebenfalls möglich (vgl. Abbildung 6.4). Im Hinblick auf die Parametersuche muss beachtet werden, dass topologische Erweiterungen zusätzliche zu bestimmende Parameter ergeben.

6.3.2 Parameter des thermischen Netzes

Die Suche nach den Parametern führt zu einem Optimierungsproblem, das im nächsten Abschnitt betrachtet wird. Dies ist darin zu begründen, dass eine rein analytische Bestimmung aller Parameter sehr fehleranfällig und ohne ausreichende Informationen nahezu unmöglich ist [76]. Dennoch ist es nötig, jeden Parameter zu betrachten, um das Optimierungsproblem aufzustellen und möglichst viel Wissen mit einfließen zu lassen.

Verlustleistungen bzw. Wärmequellen

Die Verlustleitung der EM entspricht der Wärmeleistung und definiert damit die Wärmequellen des thermischen Netzes. Für die thermische Simulation ist neben der quantitativen Wärmemenge auch der Entstehungsort der Wärme von großer Bedeutung. Bauer gibt in Abbildung 6.5 eine sehr gute Übersicht über die in einer PMSM auftretenden Verluste und deren Entstehungsort.

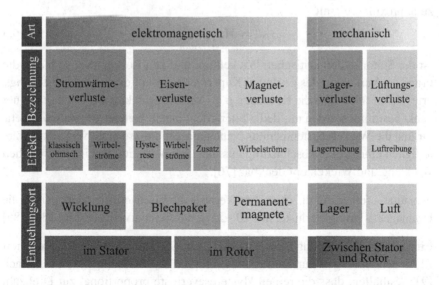

Abbildung 6.5: Entstehung der Verlustleistungen einer EM nach [10]

Verluste im Stator: Der größte Anteil der Verluste sind ohmsche Verluste im Kupfer der Wicklungen [36]. Wang beziffert diese mit ca. 50 % [185], Pyrhonen spricht von bis zu 72 % der gesamten Verluste. [135]

Die rein ohmschen Kupferverluste lassen sich analytisch bestimmen mit der Formel:

$$P_{Ohm} = 3I^2 R_{el}(\vartheta)$$
Gl. 6.3

Der Widerstand R_{el} ist gemäß Gleichung Gl. 6.1 von der Temperatur abhängig. Durch Einsetzen ergibt sich

$$P_{Ohm}(\vartheta) = 3\,I^2\,R_{el,0} \cdot (1 - \alpha_{el,0}(\vartheta - \vartheta_0))$$
Gl. 6.4

Der rein ohmsche Widerstand der Wicklung ist üblicherweise vorab bekannt und wird zusätzlich im Rahmen des elektrischen Aufbaus und bei den Abnahmemessungen bezüglich der Isolation bestimmt. Sollten die Phasenströme nicht verfügbar sein, so genügt es, den Mittelwert des Stroms aus dem Drehmoment zu approximieren mit

$$I = M\,\frac{I_{Nenn}}{M_{Nenn}}$$
Gl. 6.5

Ist der Stator in den kritischen Wickelkopf und den Rest geteilt, so bleibt die Frage der Verteilung des gesamten Kuperfverlustes auf die beiden Entstehungsorte. Huber führt dazu die Konstante β als Verteilungsfaktor ein. Diese kann nur exakt bestimmt werden mit dedizierten Messungen, welche die Statortemperatur und die Wickelkopftemperatur beinhalten. Sind diese nicht verfügbar, wäre lediglich eine grobe Abschätzung aus den Geometrieunterschieden zwischen Wicklung und Wickelkopf denkbar [76].

Quantitativ folgen auf die ohmschen Verluste die Eisenverluste oder genauer die Ummagnetisierungsverluste, mit 20 - 25 % der Gesamtverluste. [36, 135, 185]

Eine genaue Berechnung ist selbst mit exakter Kenntnis der Maschine und mit FEM Berechnungen nur schwer möglich [10, 76]. Allerdings lässt sich nach [91] festhalten, dass die reinen Hystereseverluste proportional zur Drehzahl sind und die Wirbelstrom- und sonstigen Eisenverluste etwas überproportional zur Drehzahl sind. Wie bei [123] und [76] wird auch hier vereinfacht eine direkt proportionale Drehzahlabhängigkeit angenommen. Nach [185] ist der Temperatureinfluss der Eisenverluste invers zu dem der Kupferverluste, bei höherer Temperatur fallen also geringere Ummagnetisierungsverluste an. Allerdings stellt [185] auch fest, dass die Minderung über die Temperatur etwa ein Zehntel beträgt. Im Hinblick auf die ohnehin absolut geringeren Eisenverluste wird die Temperaturabhängigkeit der Eisenverluste im Modell vernachlässigt.

Als dritte wesentliche Wärmequelle gelten die Reibverluste, welche hauptsächlich im Lager und der Luft zwischen Rotor und Stator entstehen [36]. Lagerverluste sind ebenfalls proportional zu der Drehzahl und die Luftreibung steigt überproportional mit der Drehzahl [10]. Da die Reibverluste insgesamt eher gering sind, wird auf die Möglichkeiten einer genaueren Berechnung nicht näher eingegangen.

Die Eisen- und Reibverluste werden zusammengefasst zu einer noch zu bestimmenden, drehzahlabhängigen Wärmequelle mit der Randbedingung, dass diese im Nennpunkt kleiner als die ohmschen Kupferverluste sind.

Verluste im Rotor Der sich teilweise in der Literatur zu findenden Annahme, dass alle Eisenverluste im Stator aufträten, da sich der Rotor synchron zum Magnetfeld bewege und deshalb keine Ummagnetisierung entstehe, wird nach [181] widersprochen. Allein die nicht perfekte Geometrie der Statorwicklung verursacht nennenswerte Ummagnetisierungsverluste. Des weiteren werden Wirbelstromverluste im Magnet, sowie der Anteil der Reibungsverluste als Wärmequellen im Rotor genannt [181]. Bei [10] wird allein der Anteil der Eisenverluste im Rotor auf 15 % beziffert.

Damit lässt sich festhalten, dass die Verluste im Rotor alle drehzahlabhängig sind und in etwa 15 % der Gesamtverluste betragen.

Thermische Senke Sofern die Ein- und Austrittstemperaturen des Kühlmittels und der Volumenstrom gemessen werden, kann der aus dem Knoten ϑ_{Sta} entnommene Wärmestrom direkt ermittelt werden, durch:

$$\dot{Q} = \dot{V} \cdot \rho \cdot c \cdot (\vartheta_{Khl,In} - \vartheta_{Khl,Out}) \qquad \text{Gl. 6.6}$$

Thermische Massen

Die thermischen Massen C_{Rot}, C_{Sta} und gegebenenfalls C_{Wick} lassen sich gemäß Gleichung Gl. 3.14 direkt aus dem Eigengewicht und der spezifischen Wärmekapazität berechnen. Vereinfacht kann für den Stator und den Rotor die spezifische Wärmekapazität von Eisen angenommen werden, für die Wicklungen entsprechend die spezifische Wärmekapazität von Kupfer. Diese Stoffwerte sind der Literatur zu entnehmen, beispielsweise bei [180].

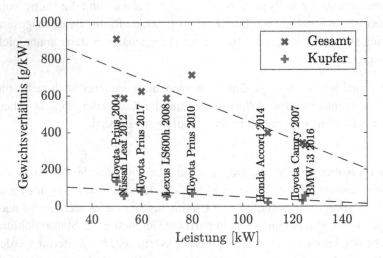

Abbildung 6.6: Gesamtmasse und Kupfermasse der EM aktueller Fahrzeuge nach [25, 26]

Allerdings sind die Gewichte häufig nicht oder nur teilweise bekannt und lassen sich auch nicht ohne weiteres ermitteln, beispielsweise wenn die EM in einer Achse verbaut ist. Ist das Massenträgheitsmoment des Rotors bekannt, so lässt sich daraus gemeinsam mit den Abmaßen und dem Zusammenhang $m = 2 \cdot \frac{J}{r}$ die Rotormasse abschätzen. Ist auch das Trägheitsmoment unbekannt, kann es aus einer Messung bei Beschleunigung der leeren Maschine bestimmt werden über $J = M\dot\omega$.

Informationen über die Masse des verbauten Kupfers sind noch seltener. In der Literatur finden sich Anhaltspunkte, um zumindest die Größenordnung der thermischen Massen etwas einzuschränken. Die sich aus den Daten von [25] und [26] ergebende Abbildung 6.6 zeigt die in aktuellen Fahrzeugen vorkommenden Verhältnisse zwischen Gesamtmasse sowie Kupfermasse pro kW Leistung. Sowohl Zhang [201] als auch Husain [77] erwarten eine Fortsetzung des Trends zu noch höherer Leistungsdichte und damit weniger Gesamtgewicht pro kW Leistung. Darüber hinaus erwartet Husain auch weniger Kupfer in den zukünftigen Statorwicklungen. Husain [77] schätzt die Massenverteilung wie in Diagramm 6.7 ab.

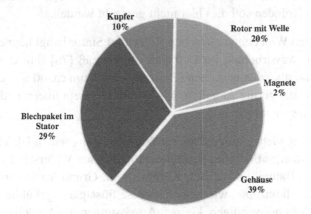

Abbildung 6.7: Verteilung der Massen einer EM nach [77]

Zusammenfassend lässt sich festhalten, dass die thermische Masse des Rotors unter Umständen bestimmbar ist, die weiteren Massen lassen sich jedoch nur eingrenzen.

Thermische Widerstände

Wie in den Grundlagen beschrieben, lässt sich der Wärmeübergang analytisch berechnen. Dazu sind - neben den materialabhängigen spezifischen Wärmeleit- bzw. Wärmeübergangswerten - die nicht unbedingt verfügbaren geometrischen Daten nötig sowie die Kenntnis über die Art des Wärmeübergangs. In der Realität ist die aktive Wärmeübertragungsfläche sowie der tatsächliche Wärmeübertragungskoeffizient, der wiederum neben den Stoffwerten von der Strömungsart,

Strömungsgeschwindigkeit, Geometrie, usw. abhängig ist, schwer zu bestimmen [76]. Auch die Wärmeübertragungen zwischen Stator und Kühlmittel sowie im Luftspalt sind aufgrund der vorherrschenden turbulenten Strömungen und erzwungenen Konvektion nicht mehr direkt analytisch lösbar, sondern lediglich mittels einer aufwendigen CFD^2-Simulation. [123]

Der thermische Widerstand zwischen Rotor und Kühlung in gängigen thermischen Netzwerk-Modellen wird, wie bereits in Abschnitt 6.3.1 erläutert, teilweise weggelassen, was einem unendlichen Widerstand gleichkommt. Aus den genannten Gründen soll dies hier nicht gemacht werden.

Der Wert für den Widerstand zwischen Rotor und Stator hängt hauptsächlich vom Grad der Verwirbelung im Luftspalt ab. Gemäß [76] fällt der thermische Widerstand über den gesamten Drehzahlbereich um ca. 30 % ab. Um die Modellkomplexität gering zu halten, wird vereinfacht ein linearer Abfall des Widerstandes angenommen.

Wird die Kühlung nicht explizit über die Wärmeleistung wie in Gleichung Gl. 6.6 berechnet, so ergibt sich pro Bauteil ein thermischer Widerstand zwischen dem jeweiligen Bauteil und dessen Kühlmedium. Grundsätzlich sind somit auch andere Kühlkonzepte, wie beispielsweise flüssigkeitsgekühlte Rotoren denkbar. Die dazu notwendigen, kleinen Anpassungen des Modells sind, wie in [124] gezeigt, problemlos möglich. Zusammenfassend lässt sich festhalten, dass eine analytische Bestimmung der Wärmewiderstände für die vorliegende Fragestellung nicht möglich ist.

6.4 Parametersuche mit genetischem Algorithmus

Die Herausforderung, die Parameter thermischer Netzwerke genau und ohne Methoden der FEM und CFD zu bestimmen, findet sich häufiger in der Literatur, beispielsweise bei [23, 61, 76, 142, 184]. Meist werden dedizierte Versuche gemacht entsprechend der gesuchten Parameter. Dieser zusätzliche Aufwand wäre im Rahmen der Projektinbetriebnahme am Prüfstand nicht möglich. Allerdings

---

^{2}Numerische Strömungsmechanik (engl. *Computational Fluid Dynamics*) (CFD).

kann auf die durchgeführten Messungen der Inbetriebnahme zurückgegriffen werden.

6.4.1 Methodik der Parametersuche mit Optimierungsalgorithmus

Im Detail gestaltet sich die Parametersuche entsprechend Abbildung 6.8. Nach der Inbetriebnahme kann die Parametersuche automatisiert und vom Prüfstand und insbesondere auch unabhängig vom Automatisierungssystem auf einem externen Rechner durchgeführt werden. Dies hat mehrere Vorteile, zum einen wird der Ablauf am Prüfstand nicht gestört, zum anderen kann der rechenintensive Lösungsalgorithmus auf einem schnellrechnenden Computer parallel ausgeführt werden.

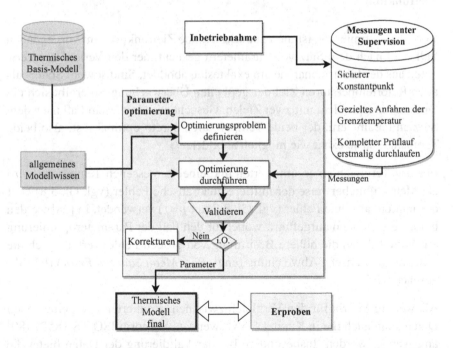

Abbildung 6.8: Methodik der Parametersuche mit Optimierungs-Algorithmus

Im Folgenden wird auf die Aufstellung des Optimierungsproblems eingegangen. Ausgehend vom Optimierungsproblem wird nach einem geeigneten Lösungsalgorithmus gesucht, der angewendet wird, um die Parameter zu bestimmen.

6.4.2 Aufstellen des Optimierungsproblems

Ein Optimierungsproblem ist definiert durch den Suchraum, innerhalb dessen mögliche Lösungen gesucht werden, und durch eine Zielfunktion oder Bewertungsfunktion, welche die Güte der gefundenen Lösung berechnet. Ergänzend werden Randbedingungen festgelegt. [186]

Zielfunktion

Kern der Optimierung ist die zu minimierende Zielfunktion. Im vorliegenden Fall wird nach dem Satz von Parametern gesucht, der den Verlauf der Lerndaten aus der Inbetriebnahme am exaktesten abbildet. Sind sowohl Stator- als auch Rotortemperaturen Ziel der geplanten Überwachung, so ergibt sich ein Optimierungsproblem mit zwei Zielen. Gesucht wird in diesem Fall nach dem Satz an Parametern, der beide Temperaturen pareto-optimal löst, also beide Temperaturen so exakt wie möglich abbildet.

Für den Vergleich einer simulierten und einer gemessenen Temperatur wird als Metrik üblicherweise der mittlere quadratische Fehler (vgl. Gl. 3.8) oder der mittlere absolute Fehler (vgl. Gl. 3.7 mit $p=1$) verwendet. In [28] werden beide vergleichend aufgeführt, wobei für den Fall der Parameteroptimierung ein Vorteil durch die höhere Bestrafung von großen Fehlerwerten durch die mittlere quadratische Abweichung (engl. *Root Mean Squared Error*) (RMSE) gesehen wird.

Als weitere Metrik für den Vergleich zwischen simulierten und gemessenen Daten kann auch die in Kapitel 6.5 verwendete Vornorm ISO/TS 18571 [80] angewendet werden. Insbesondere bei der Validierung der Daten bietet die Vornorm eine bessere Vergleichbarkeit zu vergangenen Erprobungen.

Suchraum

Als Suchraum wird der Raum aller möglichen Kombinationen der Parameter verstanden. Jeder unbekannte Parameter gemäß Abschnitt 6.3.2 erweitert den Suchraum um eine Dimension. Je größer der Suchraum, desto aufwendiger ist die Suche und desto wahrscheinlicher ist es, anstelle des globalen Optimums lediglich ein lokales zu finden. Darüber hinaus steigt in einem sehr großen Suchraum die Wahrscheinlichkeit Parametersätze zu generieren, die zu einem instabilen System führen und damit zu Fehlern im Suchalgorithmus. Aus den genannten Gründen muss der Suchraum so stark wie möglich eingeschränkt werden. Dazu wird sowohl das für den Prüfling geltende spezifische Wissen als auch empirisches und allgemeines Wissen verwendet.

Randbedingungen

Zusätzlich zum Suchraum und zur Zielfunktion können über Randbedingungen weitere Forderungen in die Lösung einfließen. Grundsätzlich wird unterschieden zwischen harten und weichen Randbedingen, wobei erstere bedeuten, dass eine gefundene Lösung nur dann gültig ist, wenn auch die Randbedingung erfüllt ist. Weiche Randbedingungen sind lediglich Soll-Ziele, die beispielsweise in Form einer Straffunktion die Bewertungsfunktion ergänzen. Letztlich können weiche Randbedingungen auch als Ergänzung oder als zusätzliches Kriterium der Zielfunktion gesehen werden [186]. Randbedingungen können auch verwendet werden, um den Suchraum zusätzlich einzuschränken, beispielsweise durch Ungleichungen wie

$$m_{Rot} < m_{Sta} \hspace{4cm} \text{Gl. 6.7}$$

6.4.3 Auswahl Optimierungsverfahren

Die wiederkehrende Fragestellung nach der Suche von x, welches das Minimum einer gegebenen Funktion f(x) bildet, findet sich bereits in den Ursprüngen der Mathematik und ist nach wie vor aktuelles Thema der Forschung. Welches ist also das beste Lösungssuchverfahren? Die Antwort gibt Wolpert und Macready in [192] mit dem *No-Free-Lunch-Theorem*, das im Kern besagt, es gibt kein Optimierungsverfahren, das im Hinblick auf alle Fragestellungen überlegen ist. Im weiteren Sinne bedeutet das aber auch, dass es zu einem gegebenen Problem durchaus besser und schlechter geeignete Verfahren gibt.

So sind beispielsweise analytische Verfahren meist den numerischen Verfahren überlegen, sofern sie denn anwendbar sind. Für den vorliegenden Fall ist keine analytische Lösung bekannt. Auch numerische Verfahren haben oft Anforderungen an die Zielfunktion, die im Vorhinein bekannt sein müssen, beispielsweise ist für einige Verfahren die ein- oder gar mehrfache stetige Differenzierbarkeit gefordert. Da über das thermische Netz, insbesondere bei späteren Anpassungen, keine Aussagen über die Stetigkeit gemacht werden können, kommen auch keine gradientenbasierten Suchalgorithmen in Frage. Seit der guten Verfügbarkeit schneller Rechentechnik finden stochastische parallelisierbare Suchalgorithmen immer häufiger Anwendung. Umfassende Literatur wurde von Coello in [29] zusammengestellt.

Im Rahmen dieser Arbeit werden an den Optimierungsalgorithmus folgende Anforderungen gestellt:

- Das Verfahren soll geeignet sein für mögliche Unstetigkeiten in der Zielfunktion oder verallgemeinert, das Verfahren soll ohne tiefgehende Kenntnis des Problems anwendbar sein.
- Eine globale gute Suche ist wichtiger als eine sehr schnelle Konvergenz.
- Das Verfahren soll parallelisierbar sein, also zeitgleich auf mehrere Rechenkerne verteilbar, sodass das von Grund auf eher langsame stochastische Suchen schneller bearbeitet werden kann.
- Eine gute Lösung ist ausreichend, es muss nicht die eine beste Lösung[3] gefunden werden.

Nach [18, 19, 150, 186] erfüllT dER GA diese Anforderungen. Damit ist explizit nicht erwiesen, dass der GA für das vorliegende Problem das bestgeeignete Verfahren ist. Es lässt sich aber feststellen, dass es sich um ein hinreichend gut geeignetes Verfahren handelt.

---

[3]Es ist ohnehin nicht bekannt, ob diese existiert.

Diese Aussage lässt sich auch erweitern auf die exakte Auswahl der Selektions-, Mutations- und Rekombinationsfunktionen und deren Einstellungen. Es gilt ebenfalls das *No-Free-Lunch-Theorem*: Je besser die Einstellungen zur Optimierungsaufgabe passen, desto zielgerichteter wird ein Ergebnis gefunden.

6.5 Ergebnisse

Zur Validierung des Modells wurden zwei verschiedene Szenarien getestet. Im Folgenden wird eines beispielhaft vorgestellt und diskutiert. Das weitere Ergebnis wird im Anschluss zusammenfassend dargestellt.

Im Beispiel wurde eine PMSM simuliert und validiert, dabei gelten folgende Voraussetzungen:

- Inbetriebnahme-Messungen gemäß Abbildung 6.9 liegen vor.
- Zielgrößen sind Stator- und Rotortemperatur
- Das thermische Modell entspricht dem erweiterten thermischen Netzwerk, wie es im Abschnitt 6.3.1 vorgestellt wurde und in Abbildung 6.4 zu sehen ist. Das bedeutet:
  - Drei thermische Massen
  - Erweiterung um die Lagertemperatur
  - Kühlung wird als konstante Temperatur angenommen.

Wird die Parametersuche für zwei Zielgrößen durchgeführt, so wird eine Pareto-Front an Optima gefunden. Bei der Auswahl der konkreten Lösung ist es möglich, eine der beiden Zielgrößen zu fokussieren oder, wie in diesem Fall, die Lösung mit dem besten Gesamtergebnis auszuwählen. Diese erreichte ein RMSE von 1,1 K für den Rotor und 1,5 K für den Stator.

Die gefundene Parametrierung des thermischen Simulationsmodells wurde zur Validierung auf einen weiteren Datensatz angewendet. Die Validierungsdaten sowie der Vergleich der simulierten und realen Temperatur ist in Abbildung 6.10 zu sehen.

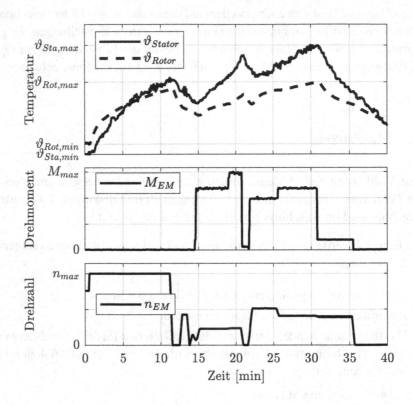

Abbildung 6.9: Inbetriebnahme-Messungen als Trainingsdaten für den GA

Sowohl in der grafischen Analyse in Abbildung 6.10 als auch anhand der berechneten RMSE (siehe Tabelle 6.1) wird deutlich, dass die beiden Temperaturen gut nachgebildet werden können, wenngleich die Statortemperatur sichtlich präziser ist. Im Teillastbereich sind Schwächen des Simulationsmodells zu erkennen. In den wichtigeren, höheren Temperaturbereichen ist die Simulation sehr präzise. In diesem konkreten Beispiel ist die Abweichung in der Teillast auf eine etwas erhöhte Kühlmitteltemperatur zurückzuführen. Die Differenz zwischen der angenommenen festen Kühlmitteltemperatur und der realen wirkt sich bei einer großen Differenztemperatur zwischen Kühlung und Zieltemperatur kaum mehr aus. Hervorzuheben ist, dass dies zu keiner bleibenden

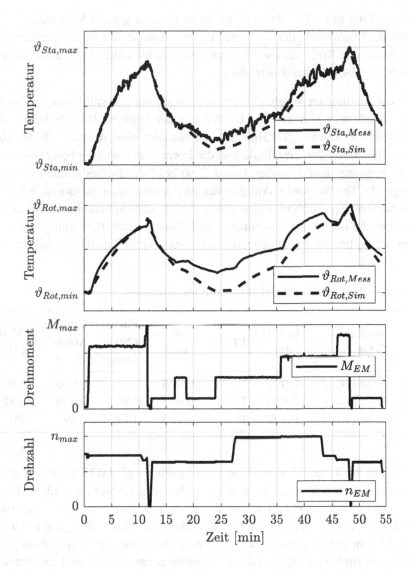

Abbildung 6.10: Validierung der Simulation von Stator- und Rotortemperatur

Abweichung führt. Deutlich erkennbar ist die sehr genaue Simulation in der Nähe der Hochpunkte der Temperatur. Sowohl die absoluten Temperaturwerte von Stator und Rotor als auch die exakten Zeitpunkte der Hochpunkte werden in der Simulation präzise getroffen.

Um die qualitativen Vergleiche der Simulation mit der Validierungsmessung quantifizieren zu können eignet sich die in der Vornorm ISO/TS 18571 [80] beschriebene Metrik. [97] Hierfür wird zunächst eine Wertung für den Korridor, die Phase, die Amplitude und die Form bzw. Steigung berechnet. Jede Einzelwertung liegt zwischen 0 und 1, wobei 1 der bestmöglichen Wertung entspricht. Da Wechselwirkungen der Einzelwertungen existieren, wird die Gesamtwertung durch eine gewichtete Akkumulation berechnet. Die exakte Berechnung ist [80] zu entnehmen. Die Erläuterung der Bewertungsskala des Gesamtergebnisses entsprechend der Vornorm ist in Tabelle A.1 im Anhang A.1 ergänzt.

Tabelle 6.1: Auswertung der Simulationsergebnisse

Modell / Zielgröße	Korridor	Phase	Amplitude	Form / Steigung	Gesamt nach ISO	RMSE in [K]
3 Massen ϑ_{Sta}	0,991	1	0,988	0,581	0,910	1,990
3 Massen ϑ_{Rot}	0,950	1	0,977	0,723	0,920	2,461
2 Massen ϑ_{Sta}	0,997	1	0,993	0,489	0,895	1,807

Zeile 1 in der Tabelle 6.1 zeigt die Kennzahlen gemäß ISO/TS 18571 für den Vergleich der simulierten und gemessenen Statortemperatur ϑ_{Sta}. Ebenfalls für das diskutierte Beispiel finden sich in Zeile 2 die Kennzahlen für die Rotortemperatur ϑ_{Rot}. Alle Kennzahlen mit Ausnahme der Form / Steigung erreichen gute bis sehr gute Ergebnisse. Die geringeren Werte bei der Kennzahl der Form / Steigung sind insbesondere bei der Statortemperatur auf die geringe Dynamik der Simulation zurückzuführen. Hervorzuheben sind die sehr guten Ergebnisse bei der Amplitude und der Phase.

Ergänzend zu der im Beispiel oben diskutierten Validierung wurde die gesamte Methodik auf eine weitere PMSM angewendet. Für diese EM wurde das Basismodell entsprechend Abbildung 6.3 angewendet. In diesem Beispiel liegen Messwerte für die Rotortemperatur vor und die Statortemperatur soll überwacht werden. Die Ergebnisse sind in der dritten Zeile der Tabelle 6.1 aufgetragen. Die zugehörige grafische Auswertung findet sich im Anhang A.2. Auch in diesem Beispiel können hinreichend gute Ergebnisse erzielt werden.

Das Ziel der Simulation ist die zeitlich korrekte Plausibilisierung der von der ECU gesendeten Temperatursignale in kritischen Betriebspunkten, also bei sehr hohen Temperaturen. Die sehr guten Ergebnisse in der Bewertung der Amplitude und Phase bestätigen die guten Simulationsergebnisse in diesen Betriebspunkten. Eine einfache Überwachung der Temperaturdifferenz bei hohen Temperaturen erkennt somit direkt fehlerhafte Signale von der ECU. Des Weiteren kann das korrekte Einsetzen der Derating-Funktion ab einer Grenztemperatur des Stators überwacht werden. Auch hier kann problemlos und rechtzeitig eine Fehlfunktion erkannt werden.

7 Zusammenfassung und Ausblick

Im Folgenden wird die in der Dissertation erarbeitete Bewertung der Überwachungsmethoden im Hinblick auf elektrische Achsen resümiert. Die Ergebnisse zur Optimierung und Erweiterung der Überwachungsmethodik werden zusammengefasst in die aktuelle Forschung eingeordnet. Dabei wird auf die praktischen Implikationen der Methodik eingegangen.

Im Ausblick werden weitere Überwachungsmethoden außerhalb des Rahmens der vorliegenden Arbeit aufgezeigt. Ergänzend werden mögliche Erweiterungen der Arbeit betrachtet, die als Grundlage der weiteren Forschung dienen können.

7.1 Schlussbetrachtung

Bei der Untersuchung des ersten Teils der Forschungsfrage, inwieweit sich die herkömmlichen Überwachungsmethoden für die aktuellen Anforderungen zur Fehlerfrüherkennung an elektrischen Achsen eignen, wurde festgestellt, dass das Potenzial der Schwingungsüberwachung nur ungenügend genutzt wird und die Temperaturüberwachung erhebliche Schwächen aufweist.

Der sich daraus ergebende zweite Teil der Forschungsfrage, wie die Fehlererkennung verbessert werden kann, führt zu einer Verbesserung der Zuverlässigkeit und Qualität der Signale um Sensorausfälle sicherer zu detektieren. Darauf aufbauend wird die bestehende Überwachungsmethodik präzisiert, sodass fatale Fehler durch eine sichere und frühzeitige Erkennung vermieden werden.

Erstmalig wurde die Überwachungsmethodik am Antriebsstrangprüfstand im Hinblick auf elektrische Achsen untersucht. Die Arbeiten [21, 129] befassen sich grundlegend mit Mess- und Überwachungsmethoden an Prüfständen, setzen allerdings den deutlichen Fokus auf VKM-Prüfstände und betrachten lediglich am Rande die mit VKM betriebenen Antriebsstrangprüfstände. Schenk [146] griff diese Lücke auf und betrachtet die möglichen fehlerhaften Zustände

E. Brosch, *Online-Überwachung elektrischer Antriebsstränge im Prüfstandsumfeld*, Wissenschaftliche Reihe Fahrzeugtechnik Universität Stuttgart, https://doi.org/10.1007/978-3-658-44420-4_7

der VKM-Antriebsstrangprüfstände. Im Gegensatz zu der Arbeit von Schenk
liegt der Fokus der vorliegenden Arbeit nicht auf der Diagnose von unkritischen
inkorrekten Zuständen des Prüfstandes, sondern auf der sicheren und rechtzeitigen Detektion von Fehlern am Prüfling. Hierfür wurden die möglichen Fehler
elektrischer Antriebsstränge betrachtet. Bei der Untersuchung wurde aufgezeigt,
für welchen Fehler welcher Detektionsmechanismus von Bedeutung ist. Die
elementaren Drehzahl- und Drehmomentsignale sind wichtige Indikatoren für
Fehler an Prüflingen und diese werden bereits heute präzise überwacht. Die
für viele Fehlerfrüherkennungsmethoden noch bedeutsameren Temperatur- und
Schwingungssignale werden hingegen nur unzureichend überwacht. Dieses
ungenutzte Potenzial wurde erkannt und führt zu der im weiteren beantworteten
Frage, wie es besser ausgeschöpft werden kann. Darüber hinaus wurde der
mögliche unbemerkte Ausfall von Sensoren, die zur Fehlererkennung dienen,
als kritisch erkannt.

Als Voraussetzung zur Optimierung der Überwachung werden Referenzsignale
benötigt. Eine geeignete Methode zur Auswahl wurde vorgestellt. Die Absicherung der Signalzuverlässigkeit wurde ähnlich wie bei Flohr [44] durch
einen Vorab-check verbessert, allerdings ergänzt um Messungen im Betrieb,
sodass deutlich mehr Signalarten überprüft werden können. Insbesondere gilt
dies für die wichtige Schwingungssensorik. Durch die statistische Auswertung
der Messergebnisse aus der Inbetriebnahmephase und unter Einbeziehung der
Referenzsignale wurde eine nachvollziehbare und verbesserte Grenzwertüberwachung vorgestellt. Die Vorteile zeigen sich besonders bei der Anwendung auf
Schwingungssignale, da hier bereits Fehler entdeckt werden, bevor ein kritischer
Resonanzpunkt erreicht wird. Ähnliches gilt für eine weitere Überwachungsmethodik basierend auf Fuzzy-Regeln. Hier konnte gezeigt werden, wie diejenigen
Fehler frühzeitig erkannt werden können, die sich durch Temperaturerhöhungen
bemerkbar machen.

Im Hinblick auf die Überwachung der EM wurde festgestellt, dass die notwendigen Temperatursignale unzuverlässig sind und keine redundante Messung am
Prüfstand möglich ist. Die für Stator- und Rotorschäden immens wichtige Feh-
lerfrüherkennungsmethode ist dadurch ebenfalls unzuverlässig. Aufgrund eines
fehlerhaften Temperatursignals ist nicht nur die entsprechende Überwachung
inaktiv, sondern ggf. auch die Derating Funktion. Um die Fehlerfrüherken-

nung elektrischer Maschinen abzusichern und um fatale Schäden durch nicht einsetzendes Derating zu vermeiden, ist ein Simulationsmodell der Temperaturen nötig. Die Herausforderung, mit den verfügbaren Informationen ein Simulationsmodell zu generieren, wurde unter Anwendung von thermischen Netzwerken gelöst. Die erfolgreiche Parametrierung gelang unter Zuhilfenahme von Messungen und der Parameteroptimierung mittels GA. In der Forschung zu EM finden sich bereits präzisere Simulationsmodelle, beispielsweise bei Huber [76] oder Öchslen [123]. Allerdings wurden diese jeweils angepasst auf eine definierte EM. Die in dieser Arbeit vorgestellte Methode ist allgemeingültig und liefert durch die Optimierung der Parameter eine hinreichende Präzision. Durch das transparente Simulationsmodell lässt es sich einfach auf zukünftige Prototypen anwenden.

Bei allen neuentwickelten Methoden wurde das Umfeld nicht außer Acht gelassen. Dies gilt sowohl für die verfügbare Rechenkapazität als auch im Hinblick auf die Eingliederung in den Ablauf bei Erprobungen. Die wesentlichen Teile der vorgestellten Methoden werden vorab und einmalig vorbereitet, sodass zwischen Inbetriebnahme und tatsächlicher Erprobung lediglich projektspezifische Anpassungen nötig sind.

Insgesamt werden Fehler am Prüfling mithilfe der Methodik präziser und früher erkannt und fatale Schäden werden dadurch vermieden.

7.2 Ausblick

Die vorgestellte optimierte Überwachung mit Fuzzy-Logik kann wie bereits erwähnt auf jegliches Signal angewandt werden, was allerdings zu erheblichem Aufwand beim Erstellen der Regelwerke führt. Dies ließe sich möglicherweise durch geeignetes Auswerten vergangener Projekte teilweise automatisieren. Methoden der Künstlichen Intelligenz oder aus dem Bereich Data Mining können direkte Korrelationen bis hin zu komplexen Zusammenhängen erkennen. Zukünftig könnte daraus automatisiert ein Regelwerk generiert werden. Dadurch wären sehr große Regelwerke möglich, die durch geeignetes Kombinieren noch präziser sein können.

Die Anwendung der thermischen Simulationsmodelle kann erweitert werden zur vollständigen Nachbildung der Temperatursignale im Falle eines Sensorausfalls. Alle Daten bis zum Sensorausfall können als ergänzende Lerndaten für das Modell genutzt werden. Dadurch sind sehr präzise Temperaturmodelle denkbar, welche vermutlich ausreichend genau wären um eine Erprobung damit fortzuführen.

Die erwähnten Öl- oder Gasanalysemethoden könnten auf die Eignung als dauerhafte zusätzliche Prüfstandsmesseinrichtung überprüft werden. Des Weiteren führt die im Rahmen der Arbeit nicht betrachtete Erweiterung der Messtechnik und -methoden zu verschieden ergänzenden Forschungsfragen: Neben der Eignung zusätzlicher Diagnose- und Analyseverfahren sollte auch die Abtastfrequenz überdacht werden. Bessere Rechentechnik ermöglicht höhere Taktraten, die möglicherweise einzelne Methoden der Frequenz- und Ordnungsanalysen ermöglichen. Die bereits laufende Forschung im Bereich der Schwingungsanalyse im Frequenzbereich mit hochfrequenten Messeinrichtungen könnte die Überwachungen sinnvoll ergänzen, sofern die daraus resultierende Herausforderung der Synchronisierung mit den Echtzeitdaten bewältigt wird.

Literaturverzeichnis

[1] AGAMLOH, E. ; JOUANNE, A. ; YOKOCHI, A.: An Overview of Electric Machine Trends in Modern Electric Vehicles. In: *Machines* 8 (2020), Nr. 2, S. 20

[2] AGHABOZORGI, S. ; SEYED SHIRKHORSHIDI., A. ; YING WAH, T.: Time-series clustering – A decade review. In: *Information Systems* 53 (2015), S. 16–38. – ISSN 03064379

[3] AHMAD, Subutai ; PURDY, Scott: *Real-Time Anomaly Detection for Streaming Analytics*. – URL http://arxiv.org/pdf/1607.02480v1

[4] ALBERS, Albert ; MÜLLER-GLASER, Klaus ; SCHYR, Christian ; KÜHL, Markus: Modellbasierte Antriebsstrangentwicklung. In: *ATZ - Automobiltechnische Zeitschrift* 109 (2007), Nr. 2, S. 134–139. – URL https://link.springer.com/article/10.1007/BF03221865. – ISSN 0001-2785

[5] ALFES, Sebastian: *Modell- und signalbasierte Fehlerdiagnose eines automatisierten Nutzfahrzeuggetriebes für den Off-Board und On-Board Einsatz*. Darmstadt, 2017. – URL https://tuprints.ulb.tu-darmstadt.de/5848/

[6] ARLT, H. ; ALLIANZ VERSICHERUNGS-AG (Hrsg.): *ALLIANZ REPORT Schadenerfahrungen an elektromotorischen Antrieben*

[7] AZARIAN, Armin: *A new modular framework for automatic diagnosis of fault, symptoms and causes applied to the automotive industry*

[8] BACKHAUS, Klaus (Hrsg.) ; ERICHSON, Bernd (Hrsg.) ; PLINKE, Wulff (Hrsg.) ; WEIBER, Rolf (Hrsg.): *Multivariate Analysemethoden*. Berlin, Heidelberg : Springer Berlin Heidelberg, 2016. – ISBN 978-3-662-46075-7

© Der/die Herausgeber bzw. der/die Autor(en), exklusiv lizenziert an Springer Fachmedien Wiesbaden GmbH, ein Teil von Springer Nature 2024
E. Brosch, *Online-Überwachung elektrischer Antriebsstränge im Prüfstandsumfeld*, Wissenschaftliche Reihe Fahrzeugtechnik Universität Stuttgart, https://doi.org/10.1007/978-3-658-44420-4

[9] Bauer, C.: Untersuchungen zu Beanspruchung, Fertigungstechnik, tribo-
     logischem Verhalten und Verschleissprüftechnik von Kugel-Gleichlauf-
     verschiebegelenken. In: *Fortschrittberichte VDI Reihe 1, Konstruktions-
     technik, Maschinenelemente* (1988)

[10] Bauer, David: *Verlustanalyse bei elektrischen Maschinen für Elektro-
     und Hybridfahrzeuge zur Weiterverarbeitung in thermischen Netzwerk-
     modellen.* Stuttgart, Universität Stuttgart, Dissertation, 2019

[11] Bauer, Lukas ; Bauer, Manuel ; Kley, Markus: Modellbasierte Vali-
     dierung der Prüfstandsdynamik zur Erprobung von Komponenten elek-
     trifizierter Antriebsstränge mithilfe eines digitalen Zwillings. In: Binz,
     H. (Hrsg.) ; Bertsche, B. (Hrsg.) ; Spath, D. (Hrsg.) ; Roth, D. (Hrsg.):
     Stuttgarter Symposium für Produktentwicklung SSP 2021, Fraunhofer-
     Institut für Arbeitswirtschaft und Organisation IAO, 2021. – URL
     `https://www.researchgate.net/publication/352409501_`
     `Modellbasierte_Validierung_der_Prufstandsdynamik_`
     `zur_Erprobung_von_Komponenten_elektrifizierter_`
     `Antriebsstrange_mithilfe_eines_digitalen_Zwillings`

[12] Berger, C.: Betriebsfestigkeit in Germany — an overview. In: *Inter-
     national Journal of Fatigue* 24 (2002), Nr. 6, S. 603–625. – ISSN
     01421123

[13] Berger, Volker ; Wilbertz, Axel ; Meyer, Ingo: Körperschall Im End-
     Of-Line-Test Von Doppelkupplungsgetrieben. In: *ATZproduktion* 3
     (2010), Nr. 5-6, S. 24–27. – ISSN 1865-4908

[14] Bertolini, Massimo ; Mezzogori, Davide ; Neroni, Mattia ; Zammori,
     Francesco: Machine Learning for industrial applications: A comprehen-
     sive literature review. In: *Expert Systems with Applications* 175 (2021),
     S. 114820. – URL `https://www.sciencedirect.com/science/`
     `article/pii/S095741742100261X`. – ISSN 0957-4174

[15] Binder, A.: *Monitoring und Diagnose elektrischer Maschinen und
     Antriebe: Stand der Forschung, Entwicklungstendenzen ; 28. Juni 2001,
     Frankfurt am Main, VDE-Haus.* ETG, 2001. – URL `https://books.`
     `google.de/books?id=frbYZwEACAAJ`

[16] BINDER, A. ; SCHNEIDER, T. ; KLOHR, M.: Fixation of buried and surface-mounted magnets in high-speed permanent-magnet synchronous machines. In: *IEEE Transactions on Industry Applications* 42 (2006), Nr. 4, S. 1031–1037. – ISSN 0093-9994

[17] BIRKHOFER, Herbert ; KÜMMERLE, Timo: *Feststoffgeschmierte Wälzlager: Einsatz, Grundlagen und Auslegung.* Berlin and Heidelberg : Springer Vieweg, 2012 (VDI-/Buch]). – ISBN 978-3-642-16796-6

[18] BLUM, Stephan ; RIEDEL, Jörg: Mehrziehloptimierung durch evolutionäre Algorithmen. In: *Weimarer Optimierungs- und Stochastiktage 1.0, DYNARDO GmbH* (2004)

[19] BLUME, Christian ; JAKOB, Wilfried: *Schriftenreihe des Instituts für Angewandte Informatik - Automatisierungstechnik am Karlsruher Institut für Technologie. Bd. 32: GLEAM - General Learning Evolutionary Algorithm and Method: Ein evolutionärer Algorithmus und seine Anwendungen.* KIT Scientific Publishing, 2009. – ISBN 9783866444362

[20] BÖHM, Michael ; STEGMAIER, Nicolai ; BAUMANN, Gerd ; REUSS, Hans Christian: Der Neue Antriebsstrangund Hybrid -Prüfstand der Universität Stuttgart. In: *MTZ - Motortechnische Zeitschrift* 72 (2011), Nr. 9, S. 698–701. – ISSN 2192-8843

[21] BORGEEST, Kai: *Messtechnik und Prüfstände für Verbrennungsmotoren: Messungen am Motor, Abgasanalytik, Prüfstände und Medienversorgung.* 1. Aufl. 2016. Wiesbaden : Springer Vieweg, 2016. – ISBN 978-3-658-10117-6

[22] BORGEEST, Kai: *Elektronik in der Fahrzeugtechnik: Hardware, Software, Systeme und Projektmanagement.* 4th ed. 2021. Wiesbaden : Springer Fachmedien Wiesbaden and Springer Vieweg, 2021 (ATZ/MTZ-Fachbuch). – ISBN 978-3-658-23664-9

[23] BOSENIUK, F. ; PONICK, B.: Parameterization of transient thermal models for permanent magnet synchronous machines exclusively based on measurements. In: *2014 International Symposium on Power Electronics, Electrical Drives, Automation and Motion*, IEEE, 2014, S. 295–301. – ISBN 978-1-4799-4749-2

[24] BRIAN ROTTER: *Wieso haben Elektroautos keine Gangschaltung?* 2022.
– URL https://t3n.de/news/e-autos-ohne-gangschaltung-
begruendung-1452971/. – Zugriffsdatum: 10.08.2022

[25] BURRESS, Tim: *Electrical Performance, Reliability Analysis, and
Characterization: 2017 U.S. DOE Vehicle Technologies Office Annual
Merit Review.* – URL https://www.energy.gov/eere/vehicles/
articles/vehicle-technologies-office-merit-review-
2017-electrical-performance. – Zugriffsdatum: 07.07.2023

[26] BURRESS, Timothy A. ; CAMPBELL, Steven L. ; COOMER, Chester ; AYERS,
Curtis W. ; WERESZCZAK, Andrew A. ; CUNNINGHAM, Joseph P. ; MARLINO,
Laura D. ; SEIBER, Larry E. ; LIN, Hua-Tay: *Evaluation of the 2010
Toyota Prius Hybrid Synergy Drive System*

[27] CARSON, C. ; BARTON, S. ; ECHEVERRIA, F.: Immediate Warning of Local
Overheating in Electric Machines by the Detection of Pyrolysis Products.
In: *IEEE Transactions on Power Apparatus and Systems* PAS-92 (1973),
Nr. 2, S. 533–542. – ISSN 0018-9510

[28] CHAI, T. ; DRAXLER, R. R.: Root mean square error (RMSE) or mean
absolute error (MAE)? – Arguments against avoiding RMSE in the
literature. In: *Geoscientific Model Development* 7 (2014), Nr. 3, S. 1247–
1250

[29] COELLO, C. A. C.: *List of References on Evolutionary Multiobjecti-
ve Optimization.* 2017. – URL http://delta.cs.cinvestav.mx/
~ccoello/EMOO/EMOObib.pdf.gz. – Zugriffsdatum: 05.07.2023

[30] CONNORS, Michael H. ; BURNS, Bruce D. ; CAMPITELLI, Guillermo: Ex-
pertise in complex decision making: the role of search in chess 70 years
after de Groot. In: *Cognitive science* 35 (2011), Nr. 8, S. 1567–1579

[31] CORLEY, Becky ; KOUKOURA, Sofia ; CARROLL, James ; MCDONALD, Alas-
dair: Combination of Thermal Modelling and Machine Learning Ap-
proaches for Fault Detection in Wind Turbine Gearboxes. In: *Energies*
14 (2021), Nr. 5, S. 1375

[32] Davis, Lawrence (Hrsg.): *Handbook of genetic algorithms*. New York : Van Nostrand Reinhold, 1991. – ISBN 0442001738

[33] Deutsches Institut für Normung: *DIN ISO 20816-3, Mechanische Schwingungen - Messung und Bewertung der Schwingungen von Maschinen. Teil 3, Industriemaschinen mit einer Leistung über 15 kW und Betriebsdrehzahlen zwischen 120 min–1 und 30000 min–1 (ISO 20816-3:2022)*

[34] Dohmen, Hans-Peter ; Pfeiffer, Klaus ; Schyr, Christian: *Die Bibliothek der Technik. Bd. Bd. 317: Antriebsstrangprüftechnik: Vom stationären Komponententest zum fahrmanöverbasierten Testen*. [München] : Verl. Moderne Industrie, 2009. – ISBN 978-3937889894

[35] Dong, Jianning ; Huang, Yunkai ; Jin, Long ; Lin, Heyun: Comparative Study of Surface-Mounted and Interior Permanent-Magnet Motors for High-Speed Applications. In: *IEEE Transactions on Applied Superconductivity* 26 (2016), Nr. 4, S. 1–4. – ISSN 1051-8223

[36] Doppelbauer, Martin (Hrsg.): *Grundlagen der Elektromobilität*. Wiesbaden : Springer Fachmedien Wiesbaden, 2020. – ISBN 978-3-658-29729-9

[37] EconomicCommission for Europe: *Proposal for amendments to global technical regulation No.15 on Worldwide harmonized Light vehicles Test Procedure (WLTP)*. 03.11.2015. – URL https://unece.org/fileadmin/DAM/trans/doc/2016/wp29grpe/ECE-TRANS-WP29-GRPE-2016-03e_clean.pdf

[38] Engelhardt, Tobias: *Derating-Strategien für elektrisch angetriebene Sportwagen*. Stuttgart, Universität Stuttgart, Dissertation, 2017

[39] Ermolin, Nikolaj P. ; Žerichin, Igor' P.: *Zuverlässigkeit elektrischer Maschinen*. 1. Aufl. Berlin : Verlag Technik, 1981

[40] Felk, Philipp: *Messsignalvalidierung basierend auf Fuzzylogik*. Stuttgart, Universität Stuttgart, Studienarbeit, 2023

[41] FISCHER, Robert ; KÜÇÜKAY, Ferit ; JÜRGENS, Gunter ; POLLAK, Burkhard: *Das Getriebebuch*. 2., überarbeitete Auflage. Wiesbaden : Springer Vieweg, 2016 (Der Fahrzeugantrieb). – ISBN 978-3-658-13103-6

[42] FISCHER, Rolf: *Elektrische Maschinen*. 17., aktualisierte Auflage. München : Hanser, 2017. – URL http://www.hanser-fachbuch.de/ 9783446452183. – ISBN 3446452184

[43] FLEMING, W. J.: Overview of automotive sensors. In: *IEEE Sensors Journal* 1 (2001), Nr. 4, S. 296–308. – ISSN 1530437X

[44] FLOHR, Andreas: *Konzept und Umsetzung einer Online-Messdatendiagnose an Motorenprüfständen*. Darmstadt, Technische Universität Darmstadt, Dissertation, 2005

[45] FRANKE, Dieter: *Wälzlagerdiagnose an Maschinensätzen: Diagnose und Überwachung von Wälzlagerfehlern und -schäden*. Berlin and Heidelberg : Springer Vieweg, 2022. – ISBN 978-3-662-62620-7

[46] FRANZE, Roxana M.: *Online Messdatenplausibilisierung am Motorenprüfstand*. München, Technische Universität München, Dissertation, 2011

[47] FRASER, Neil ; KOLEV, Ivan ; ESLAMINEJAD, Pedram ; LASICA, Jakub: Flexibler Prüfstand als Entwicklungstool für E-Achsen. In: *MTZextra* 26 (2021), Nr. S1, S. 44–47. – ISSN 2509-4599

[48] FROSINI, Lucia: Monitoring and Diagnostics of Electrical Machines and Drives: a State of the Art, S. 169–176

[49] FURTMANN, Alexander: *Elektrisches Verhalten von Maschinenelementen im Antriebsstrang*

[50] GABERSCIK, Gerald: Prüftechnik in der Antriebsstrangentwicklung. In: *ATZ - Automobiltechnische Zeitschrift* 104 (2002), Nr. 1, S. 67–72. – ISSN 0001-2785

[51] GANCHEV, Martin ; KRAL, Christian ; WOLBANK, Thomas: Identification of sensorless rotor temperature estimation technique for Permanent Magnet Synchronous Motor. In: *International Symposium on Power Electronics Power Electronics, Electrical Drives, Automation and Motion*, IEEE, 2012, S. 38–43. – ISBN 978-1-4673-1301-8

[52] GEBHARDT, MICHAEL: *Ein Gang für alle Fälle.* 2020. – URL https://www.firmenauto.de/getriebe-fuer-e-autos-ein-gang-fuer-alle-faelle-11168432.html. – Zugriffsdatum: 08.08.2022

[53] GELKE, G. ; KERTZSCHER, J.: Thermische Berechnung elektrischer Maschinen für dynamische Betriebsfälle: Möglichkeiten und Grenzen einfacher thermischer Modelle zur Temperaturüberwachung. In: KERTZSCHER, Jana (Hrsg.): *Freiberger Kolloquium Elektrische Antriebstechnik*. Freiberg : Technische Universität Bergakademie Freiberg, 2017 (Freiberger Forschungshefte A Elektrische Antriebstechnik). – URL https://nbn-resolving.org/urn:nbn:de:bsz:105-qucosa2-361760. – ISBN 978-3-86012-556-4

[54] GERDES, Ingrid ; KLAWONN, Frank ; KRUSE, Rudolf: *Evolutionäre Algorithmen*. Wiesbaden : Vieweg+Teubner Verlag, 2004. – ISBN 978-3-528-05570-7

[55] GOSSLAU, Dirk: *Fahrzeugmesstechnik*. Wiesbaden : Springer Fachmedien Wiesbaden, 2020. – ISBN 978-3-658-28478-7

[56] GREGA, Robert ; KRAJŇÁK, Jozef ; ŽUĽOVÁ, Lucia ; FEDORKO, Gabriel ; MOLNÁR, Vieroslav: Failure analysis of driveshaft of truck body caused by vibrations. In: *Engineering Failure Analysis* 79 (2017), S. 208–215. – ISSN 13506307

[57] GUGGENMOS, J. ; RÜCKERT, J. ; STOPPER, D. ; THALMAIR, S.: Das Prüffeld der Antriebsentwicklung im Wandel. In: *MTZextra* 21 (2016), Nr. S2, S. 12–17. – ISSN 2509-4599

[58] GUGGENMOS, J. ; RÜCKERT, J. ; THALMAIR, S. ; WAGNER, M.: Das Prüffeld der Antriebsentwicklung im Wandel. In: LIEBL, Johannes. (Hrsg.) ; BEIDL, Christian. (Hrsg.): *VPC - Simulation und Test 2015*. Wiesbaden : Springer Vieweg, 2015 (Proceedings). – ISBN 9783658207366

[59] GÜRBÜZ, Hüseyin ; OTT, Sascha ; ALBERS, Albert: Entwicklungsansätze für innovative Hochdrehzahlkupplung in E-Fahrzeugen. In: *Forschung im Ingenieurwesen* 83 (2019), Nr. 2, S. 173–183. – ISSN 0015-7899

[60] HAGEN, Lars: *Neue Möglichkeiten für die Motorsteuergeräte-Software durch Car-to-Cloud-Vernetzung*. Wiesbaden : Springer Fachmedien Wiesbaden, 2020. – ISBN 978-3-658-31564-1

[61] HAK, J.: Einfluß der Unsicherheit der Berechnung von einzelnen Wärmewiderständen auf die Genauigkeit des Wärmequellen-Netzes. In: *Archiv für Elektrotechnik* 47 (1963), Nr. 6, S. 370–383. – ISSN 0003-9039

[62] HANISCH, Lucas V. ; BALASUBRAMANIAN, Sridhar ; SANDER, Marcel ; HENKE, Markus ; HENZE, Roman ; KÜÇÜKAY, Ferit: Influence of Driving Behavior on Thermal and Lifetime Characteristics of Electric Machines for Automotive Applications. In: *SAE International Journal of Electrified Vehicles* 12 (2023), Nr. 2, S. 247–261. – ISSN 2691-3747

[63] HARR, Thomas: Prüfstand ersetzt Prototyp: Gastkommentar. In: ATZEXTRA (Hrsg.): *Prüfstände und Simulation für Antriebe*. Wiesbaden : Springer Fachmedien Wiesbaden, 2015

[64] HELLMUND, R. ; SCIUTO, M.: Road to Rig – Transfer von Fahrzeugtesten ins Labor. In: *Aachener Kolloquium Fahrzeug-und Motorentechnik*, 1998

[65] HENAO, Humberto ; CAPOLINO, G.-A. ; FERNANDEZ-CABANAS, M. ; FILIPPETTI, F. ; BRUZZESE, C. ; STRANGAS, E. ; PUSCA, R. ; ESTIMA, J. ; RIERA-GUASP, M. ; HEDAYATI-KIA, S.: Trends in Fault Diagnosis for Electrical Machines: A Review of Diagnostic Techniques. In: *IEEE Industrial Electronics Magazine* 8 (2014), Nr. 2, S. 31–42. – ISSN 1932-4529

[66] HENNER, Wolfgang ; MÜLLER, Manuel ; SCHMIDT, Matthias: Hochvolt-Systemprüfstand für domänenübergreifendes Testen von Elektroantrieben. In: *MTZextra* 27 (2022), Nr. S1, S. 12–17. – ISSN 2509-4599

[67] HERING, Ekbert ; MARTIN, Rolf ; GUTEKUNST, Jürgen ; KEMPKES, Joachim: *Elektrotechnik und Elektronik für Maschinenbauer.* 4., aktualisierte und verbesserte Auflage. Berlin and Heidelberg : Springer Vieweg, 2018 (VDI-Buch). – ISBN 978-3-662-57579-6

[68] HEROLD, Thomas ; FRANCK, David ; HAMEYER, Kay: Bewertung verschiedener Messgrößen bei auftretenden Fehlern in umrichtergespeisten Elektromaschinen. In: *Fortschritte der Akustik - DAGA 2012* (2012). – URL http://bib.iem.rwth-aachen.de/iempublications/ 2012thbewertung.pdf

[69] HINTON, G. (Hrsg.) ; SEJNOWSKI, T. J. (Hrsg.): *Unsupervised Learning: Foundations of Neural Computation.* The MIT Press, 1999. – ISBN 9780262288033

[70] HÖFLER, Dieter ; MAXL, Stefan: NVH-Prüfstand für hochdrehende E-Motoren. In: *MTZ - Motortechnische Zeitschrift* 82 (2021), Nr. 1, S. 48–53. – ISSN 0024-8525

[71] HOLLAND, Heinrich: *Grundlagen der Statistik: Datenerfassung und -darstellung, Maßzahlen, Indexzahlen, Zeitreihenanalyse.* 8., aktualisierte Auflage. Wiesbaden : Gabler, 2010 (Springer eBook Collection Business and Economics). – ISBN 9783834989994

[72] HORLBECK, Lorenz W.: *Auslegung elektrischer Maschinen für automobile Antriebsstränge unter Berücksichtigung des Überlastpotentials,* Technische Universität München, Dissertation, 2018. – URL https://mediatum.ub.tum.de/1364281

[73] HUANG, Shoudao ; WU, Xuan ; LIU, Xiao ; GAO, Jian ; HE, Yunze: Overview of condition monitoring and operation control of electric power conversion systems in direct-drive wind turbines under faults. In: *Frontiers of Mechanical Engineering* 12 (2017), Nr. 3, S. 281–302. – ISSN 2095-0233

[74] HUBER, Andreas ; PFITZNER, Michael ; NGUYEN-XUAN, Thinh ; ECKSTEIN, Frank: Effiziente Strömungsführung im Wassermantel elektrischer Antriebsmaschinen. In: *ATZelektronik* 8 (2013), Nr. 6, S. 478–485. – ISSN 1862-1791

[75] HUBER, T. ; BÖCKER, J. ; PETERS, W.: A Low-order Thermal Model for Monitoring Critical Temperatures in Permanent Magnet Synchronous Motors. In: *PEMD 2014*. [Piscataway, N.J.] : IEEE, 2014, S. 2.7.04–2.7.04. – ISBN 978-1-84919-815-8

[76] HUBER, Tobias: *Experimentelle Identifikation eines thermischen Modells zur Überwachung kritischer Temperaturen in hochausgenutzten permanenterregten Synchronmotoren für automobile Traktionsanwendungen.* Paderborn, Universitätsbibliothek, Paderborn, Universität Paderborn, Diss., 2016, 2016

[77] HUSAIN, Iqbal ; OZPINECI, Burak ; ISLAM, Md S. ; GURPINAR, Emre ; SU, Gui-Jia ; YU, Wensong ; CHOWDHURY, Shajjad ; XUE, Lincoln ; RAHMAN, Dhrubo ; SAHU, Raj: Electric Drive Technology Trends, Challenges, and Opportunities for Future Electric Vehicles. In: *Proceedings of the IEEE* 109 (2021), Nr. 6, S. 1039–1059. – ISSN 0018-9219

[78] IEEE: *IEEE Guide to the Measurement of Partial Discharges in Rotating Machinery.* 15.08.2000. – URL https://ieeexplore.ieee.org/servlet/opac?punumber=6953

[79] INTERNATIONAL ORGANIZATION FOR STANDARDIZATION: *Straßenfahrzeuge - Implementierung weltweit harmonisierter Kommunikationsanforderungen für Diagnose im Fahrzeug (WWH-OBD).* 2012

[80] INTERNATIONAL ORGANIZATION FOR STANDARDIZATION: *Road vehicles — Objective rating metric for non-ambiguous signals.* 31 August 2014

[81] IRLE, R.: *Global EV Sales for 2021.* 29.07.2023. – URL https://www.ev-volumes.com/news/ev-sales-for-2021/. – Zugriffsdatum: 29.07.2023

[82] ISERMANN, R. ; BALLÉ, P.: Trends in the application of model-based fault detection and diagnosis of technical processes. In: *Control Engineering Practice* 5 (1997), Nr. 5, S. 709–719. – URL https://www.sciencedirect.com/science/article/pii/S0967066197000531. – ISSN 09670661

[83] ISERMANN, Rolf: *Fault-Diagnosis Systems: An Introduction from Fault Detection to Fault Tolerance.* Springer Science & Business Media, 2005. – ISBN 9783540241126

[84] ISERMANN, Rolf: *Combustion Engine Diagnosis.* Berlin, Heidelberg : Springer Berlin Heidelberg, 2017. – ISBN 978-3-662-49466-0

[85] JAIN, A. K. ; MURTY, M. N. ; FLYNN, P. J.: Data clustering. In: *ACM Computing Surveys* 31 (1999), Nr. 3, S. 264–323. – ISSN 0360-0300

[86] JAYASWAL, Pratesh ; WADHWANI, A. K. ; MULCHANDANI, K. B.: Machine Fault Signature Analysis. In: *International Journal of Rotating Machinery* 2008 (2008), S. 1–10. – URL https://www.hindawi.com/journals/ijrm/2008/583982/. – ISSN 1023-621X

[87] JONES, Harold L.: *Failure detection in linear systems.* Massachusetts, Massachusetts Institute of Technology, PhD Thesis, 1973

[88] KALT, Svenja: *Automatisierte Auslegung elektrischer Antriebsmaschinen zur anwendungsspezifischen Optimierung,* Technische Universität München, Dissertation, 2021. – URL https://mediatum.ub.tum.de/1593960

[89] KARMAKAR, Subrata (Hrsg.) ; CHATTOPADHYAY, Surajit (Hrsg.) ; MITRA, Madhuchhanda (Hrsg.) ; SENGUPTA, Samarjit (Hrsg.): *Induction Motor Fault Diagnosis.* Singapore : Springer Singapore, 2016 (Power Systems). – ISBN 978-981-10-0623-4

[90] KARTHAUS, Carsten A.: *Bericht / Institut für Konstruktionstechnik und Technisches Design, Universität Stuttgart. Bd. Nr. 706: Methode zur Rückführung von Erprobungswissen in die Produktentwicklung am Beispiel Fahrzeugtriebstrang.* Stuttgart : Institut für Konstruktionstechnik und Technisches Design, 2020. – ISBN 978-3-946924-17-3

[91] KELLETER, Arndt J.: *Steigerung der Ausnutzung elektrischer Kleinmaschinen.* München, Technische Universität München, Dissertation, 2010

[92] Kia, Shahin H. ; Henao, Humberto ; Capolino, Gerard-Andre: Gear tooth surface damage fault detection using induction machine electrical signature analysis. In: *2013 9th IEEE International Symposium on Diagnostics for Electric Machines, Power Electronics and Drives (SDEMPED)*, IEEE, 2013, S. 358–364. – ISBN 978-1-4799-0025-1

[93] Kipp, Burghard: *Analytische Berechnung thermischer Vorgänge in permanentmagneterregten Synchronmaschinen: @Hamburg, Helmut-Schmidt-Univ., Diss., 2008*

[94] Klos, W. ; Schenk, M. ; Schwämmle, T. ; Müller, M. ; Bertsche, B.: Antriebsstrangerprobung bei der Daimler AG: moderne Erprobungsmethodik. In: Christ, Christopher (Hrsg.) ; Beidl, Christian (Hrsg.): *Beiträge / 4. Internationales Symposium für Entwicklungsmethodik.* Mainz-Kastel and Darmstadt : AVL Deutschland and Techn. Univ, 2011. – ISBN 9783000326707

[95] Knödel, Ulrich ; Stein, Franz-Josef ; Schlenkermann, Holger: Variantenvielfalt der Antriebskonzepte für Elektrofahrzeuge. In: *ATZ - Automobiltechnische Zeitschrift* 113 (2011), Nr. 7-8, S. 552–557. – URL https://link.springer.com/article/10.1365/s35148-011-0129-6. – ISSN 0001-2785

[96] Kohlhase, Mathias ; Küçükay, Ferit ; Henze, Roman ; Yilmaz, Can: Prädiktive Fahrzeugdiagnose durch maschinelles Lernen. In: *MTZ - Motortechnische Zeitschrift* 81 (2020), Nr. 10, S. 74–79. – URL https://link.springer.com/article/10.1007/s35146-020-0291-z. – ISSN 0024-8525

[97] Kovac, C.: *Prädiktion von Messdaten mittels maschinellem Lernen*, Universität Stuttgart, Masterarbeit, 2021

[98] Kral, Christian ; Haumer, Anton ; Lee, Sang B.: A Practical Thermal Model for the Estimation of Permanent Magnet and Stator Winding Temperatures. In: *IEEE Transactions on Power Electronics* 29 (2014), Nr. 1, S. 455–464. – ISSN 0885-8993

[99] KRAUSE, Mathias ; BAROUD, Walid ; DENG, Yanbin ; KIELESZEWSKI, Joshua: Trends und Lösungen im E-Mobility-Testing. In: *MTZextra* 27 (2022), Nr. S1, S. 28–31. – ISSN 2509-4599

[100] KRAUSZ, Barbara: *Methode Zur Reifegradsteigerung Mittels Fehlerkategorisierung Von Diagnoseinformationen in der Fahrzeugentwicklung.* Stuttgart, Universität Stuttgart, Dissertation, 2018

[101] KRIEGER, Olaf: *Wahrscheinlichkeitsbasierte Fahrzeugdiagnose mit individueller Prüfstrategie*, Universitätsbibliothek Braunschweig, Dissertation, 2011

[102] KRUSE, Rudolf ; BORGELT, Christian ; BRAUNE, Christian ; KLAWONN, Frank ; MOEWES, Christian ; STEINBRECHER, Matthias: Fuzzy-Mengen und Fuzzy-Logik. In: *Computational Intelligence*. Springer Vieweg, Wiesbaden, 2015, S. 289–312. – URL https://link.springer.com/chapter/10.1007/978-3-658-10904-2_14

[103] KUNCZ, Daniel: *Schaltzeitverkürzung Im Schweren Nutzfahrzeug Mittels Synchronisation Durch eine Induzierte Antriebsstrangschwingung.* Stuttgart, Universität Stuttgart, Dissertation, 2017

[104] LEE, Jeongjun ; LEE, Hyeongcheol ; KIM, Jihwan ; JEONG, Jiyoel: Model-based fault detection and isolation for electric power steering system. In: *2007 International Conference on Control, Automation and Systems*, IEEE, 2007, S. 2369–2374

[105] LEE, Sang B. ; STONE, Greg C. ; ANTONINO-DAVIU, Jose ; GYFTAKIS, Konstantinos N. ; STRANGAS, Elias G. ; MAUSSION, Pascal ; PLATERO, Carlos A.: Condition Monitoring of Industrial Electric Machines: State of the Art and Future Challenges. In: *IEEE Industrial Electronics Magazine* 14 (2020), Nr. 4, S. 158–167. – ISSN 1932-4529

[106] LENZ, Martin ; ETZOLD, Konstantin ; KLEIN, Serge ; HÜSKE, Martin: Virtuelle Hochvoltbatteriesysteme: Closed Loop Testing bei vorverlagerten Entwicklungsprozessen. In: *Simulation und Test 2018*. Springer Vieweg, Wiesbaden, 2019, S. 147–168. – URL https://link.springer.com/chapter/10.1007/978-3-658-25294-6_9

[107] LEONETTI, Marco: NVH-Testing in Zeiten des Technologiewandels. In: *Aggregate- und Antriebsakustik*. Magdeburg : Universitätsbibliothek, 2023, 2023. – URL https://opendata.uni-halle.de//handle/ 1981185920/105477. – ISBN 9783948749361

[108] LI, Zheng ; DENG, Yuanfa ; XIN, Jixin ; XIONG, Xianling ; XU, Pingxing ; LI, Zhaoming ; JIN, Wanhu: Research of the hybrid power train dynamic test system. In: *World Electric Vehicle Journal* 4 (2010), Nr. 3, S. 635–641

[109] LLOYD, O. ; COX, A. F.: Monitoring debris in turbine generator oil. In: *Wear* 71 (1981), Nr. 1, S. 79–91. – URL https://www.sciencedirect. com/science/article/pii/0043164881901411. – ISSN 00431648

[110] LU, Bin ; SHARMA, S. K.: A Literature Review of IGBT Fault Diagnostic and Protection Methods for Power Inverters. In: *IEEE Transactions on Industry Applications* 45 (2009), Nr. 5, S. 1770–1777. – ISSN 0093-9994

[111] MAMDANI, E. H.: Application of fuzzy algorithms for control of simple dynamic plant. In: *Proceedings of the Institution of Electrical Engineers* 121 (1974), Nr. 12, S. 1585. – URL https://digital-library. theiet.org/content/journals/10.1049/piee.1974.0328. – ISSN 00203270

[112] MAMDANI, E. H. ; ASSILIAN, S.: An experiment in linguistic synthesis with a fuzzy logic controller. In: *International Journal of Man-Machine Studies* 7 (1975), Nr. 1, S. 1–13. – ISSN 00207373

[113] MARTIN, Peter: Schadensfrüherkennung an Motoren und Getrieben durch online-Partikelanalyse: Immediate Detection of Damages at Engine and Trans-missions by online Particle Analysis. In: *Antriebstechnisches Kolloqium 2015: Tagungsband zur Konferenz*, S. 27–53

[114] MILLER, Timothy John E.: *Monographs in electrical and electronic engineering*. Bd. 21: *Brushless permanent-magnet and reluctant motor drives*. Reprinted with corr. Oxford : Clarendon Press, 1993. – ISBN 9780198593690

[115] MINER, Milton A.: Cumulative Damage in Fatigue. In: *Journal of Applied Mechanics* 12 (1945), Nr. 3, S. A159–A164. – ISSN 0021-8936

[116] MULDOON, S. E. ; KOWALCZYK, M. ; SHEN, J.: Vehicle fault diagnostics using a sensor fusion approach, S. 1591–1596

[117] MÜLLER, Kai: *Entwicklung und Anwendung eines Messsystems zur Erfassung von Teilentladungen bei an Frequenzumrichtern betriebenen elektrischen Maschinen.* Fachbereich Maschinenwesen, Universität Duisburg-Essen, Dissertation, 2003. – URL https://duepublico2. uni-due.de/receive/duepublico_mods_00011068

[118] MURPHEY, Y. L.: Intelligent signal segment fault detection using fuzzy logic. In: *2002 IEEE World Congress on Computational Intelligence. 2002 IEEE International Conference on Fuzzy Systems. FUZZ-IEEE'02. Proceedings (Cat. No.02CH37291)*, IEEE, 2002, S. 12–17. – ISBN 0-7803-7280-8

[119] MURRAY, A. ; HARE, B. ; HIRAO, A.: Resolver position sensing system with integrated fault detection for automotive applications. In: *Proceedings of IEEE Sensors*, IEEE, 2002, S. 864–869. – ISBN 0-7803-7454-1

[120] NATEGH, Shafigh ; HUANG, Zhe ; KRINGS, Andreas ; WALLMARK, Oskar ; LEKSELL, Mats: Thermal Modeling of Directly Cooled Electric Machines Using Lumped Parameter and Limited CFD Analysis. In: *IEEE Transactions on Energy Conversion* 28 (2013), Nr. 4, S. 979–990. – ISSN 0885-8969

[121] NAUNHEIMER, Harald ; BERTSCHE, Bernd ; RYBORZ, Joachim: *Fahrzeuggetriebe: Grundlagen, Auswahl, Auslegung und Konstruktion.* 3rd ed. 2019. Springer Vieweg, 2019. – ISBN 9783662588833

[122] NÉMETH-CSÓKA, Mihály: *Thermisches Management elektrischer Maschinen: Messung, Modell und Energieoptimierung.* Wiesbaden : Springer Vieweg, 2018. – ISBN 978-3-658-20132-6

[123] OECHSLEN, Stefan: *Thermische Modellierung elektrischer Hochleistungsantriebe*, Universität Stuttgart, Dissertation, 2018. – URL http://dx.doi.org/10.1007/978-3-658-22632-9

[124] OECHSLEN, Stefan ; HEITMANN, A. ; ENGELHARDT, Tobias ; REUSS, H.-C.:
Thermal simulation of an electric motor in continuous and circuit ope-
ration. In: BARGENDE, Michael (Hrsg.) ; REUSS, Hans-Christian (Hrsg.) ;
WIEDEMANN, Jochen (Hrsg.): *16. Internationales Stuttgarter Symposium.*
Wiesbaden : Springer Fachmedien Wiesbaden, 2016, S. 1041–1054. –
ISBN 978-3-658-13255-2

[125] OREND, Bernd ; MEYER, Ingo: Schadensfrüherkennung mittels Körperschall.   In: *MTZ - Motortechnische Zeitschrift* 70 (2009), Nr. 5,
S. 386–391. –   URL https://link.springer.com/article/10.
1007/BF03225490. – ISSN 0024-8525

[126] OSSMANN, Daniel: *Fehlerdetektion, -Isolation und -Identifikation in elek-
trohydraulischen Aktuatorensystemen moderner, ziviler Flugzeuge.* München, Zugl.: München, Techn. Univ., Diss., 2014, 2014

[127] PAAR, Christian ; MUETZE, Annette: Thermal Real-Time Monitoring of
a Gearbox Integrated IPM Machine for Hybrid-Electric Traction. In:
IEEE Transactions on Transportation Electrification 2 (2016), Nr. 3,
S. 369–379

[128] PAUL, Steffen (Hrsg.) ; PAUL, Reinhold (Hrsg.): *Grundlagen der Elektrotechnik und Elektronik 2: Elektromagnetische Felder und ihre Anwendungen.*   Berlin, Heidelberg : Springer Berlin Heidelberg, 2012
(SpringerLink Bücher). – ISBN 978-3-642-24157-4

[129] PAULWEBER, Michael ; LEBERT, Klaus: *Mess- und Prüfstandstechnik: Antriebsstrangentwicklung ; Hybridisierung ; Elektrifizierung.* Wiesbaden :
Springer Vieweg, 2014 (Der Fahrzeugantrieb). – ISBN 978-3-658-
04453-4

[130] PEARSON, Karl: LIII. On lines and planes of closest fit to systems of
points in space. In: *The London, Edinburgh, and Dublin Philosophical
Magazine and Journal of Science* 2 (1901), Nr. 11, S. 559–572. – ISSN
1941-5982

[131] PHIPPS, J. B.: Dendrogram Topology. In: *Systematic Zoology* 20 (1971),
Nr. 3, S. 306. – ISSN 00397989

[132] PFLÜGER, Michael: *Plausibilisierung gemessener Körperschallwerte mittels Methoden des Maschinellen Lernens*. Stuttgart, Universität Stuttgart, Studienarbeit, 2019

[133] POHLANDT, Christian ; GEIMER, Marcus: Thermische Modelle elektrischer Antriebsmaschinen unter dynamischen Lastanforderungen: 97–112 Seiten / LANDTECHNIK, Bd. 70 Nr. 4 (2015) / LANDTECHNIK, Bd. 70 Nr. 4 (2015). (2015)

[134] PORTMANN, Edy ; SEISING, Rudolf ; ENGESSER, Hermann: 50 Jahre Fuzzy Sets. In: *Informatik-Spektrum* 38 (2015), Nr. 6, S. 455–461. – ISSN 0170-6012

[135] PYRHÖNEN, Juha ; JOKINEN, Tapani ; HRABOVCOVÁ, Valéria: *Design of rotating electrical machines*. 1. ed. Chichester : Wiley, 2008. – ISBN 9780470695166

[136] RASSOLKIN, Anton ; RJABTSIKOV, Viktor ; VAIMANN, Toomas ; KALLASTE, Ants ; KUTS, Vladimir: Concept of the Test Bench for Electrical Vehicle Propulsion Drive Data Acquisition, S. 1–8

[137] RED-ANT MEASUREMENT TECHNOLOGIES AND SERVICES GMBH: *Schwingungsmesstechnik: Schadensfrüherkennung*. – URL https://red-ant.de/schadensfrueherkennung/. – Zugriffsdatum: 20.06.2023

[138] REIF, Konrad: *Automobilelektronik*. Wiesbaden : Springer Fachmedien Wiesbaden, 2014. – ISBN 978-3-658-05047-4

[139] REIGOSA, David D. ; BRIZ, Fernando ; GARCÍA, Pablo ; GUERRERO, Juan M. ; DEGNER, Michael W.: Magnet Temperature Estimation in Surface PM Machines Using High-Frequency Signal Injection. In: *IEEE Transactions on Industry Applications* 46 (2010), Nr. 4, S. 1468–1475. – ISSN 0093-9994

[140] REILHOFER KG ; REILHOFER KG (Hrsg.): *Akustische Schadensfrüherkennung und Qualitätssicherung am Antriebsstrang*. – URL https://www.rhf.de/wp-content/uploads/2020/09/Reilhofer-alle-Produkte-2020-DE.pdf. – Zugriffsdatum: 18.06.2023

[141] Rooch, Aeneas: *Statistik für Ingenieure: Wahrscheinlichkeitsrechnung und Datenauswertung endlich verständlich.* Berlin, Heidelberg : Springer Berlin Heidelberg, 2014 (Springer-Lehrbuch). – ISBN 9783642548574

[142] Rostami, Naghi ; Feyzi, Mohammad R. ; Pyrhonen, Juha ; Parviainen, Asko ; Niemela, Markku: Lumped-Parameter Thermal Model for Axial Flux Permanent Magnet Machines. In: *IEEE Transactions on Magnetics* 49 (2013), Nr. 3, S. 1178–1184. – ISSN 0018-9464

[143] Ruddle, A. R. ; Galarza, A. ; Sedano, B. ; Unanue, I. ; Ibarra, I. ; Low, L.: Safety and failure analysis of electrical powertrain for fully electric vehicles and the development of a prognostic health monitoring system. In: *Hybrid and Electric Vehicles Conference 2013 (HEVC 2013)*, Institution of Engineering and Technology, 2013, S. 9.4–9.4. – ISBN 978-1-84919-776-2

[144] Sabnavis, Giridhar ; Kirk, R. G. ; Kasarda, Mary ; Quinn, Dane: Cracked Shaft Detection and Diagnostics: A Literature Review. In: *The Shock and Vibration Digest* 36 (2004), Nr. 4, S. 287–296. – ISSN 05831024

[145] Satya Rahul Kosuru, Venkata ; Kavasseri Venkitaraman, Ashwin: Trends and Challenges in Electric Vehicle Motor Drivelines - A Review. In: *International journal of electrical and computer engineering systems* 14 (2023), Nr. 4, S. 485–495. – ISSN 18476996

[146] Schenk, Maximilian: *Adaptives Prüfstandsverhalten in der PKW-Antriebstrangerprobung.* Stuttgart, Universität Stuttgart, Dissertation, 2017. – URL http://d-nb.info/113162999X/34

[147] Schmidt, Christian ; Dhejne, Henrik ; Vallant, Wilhelm: Unter Last schaltbare Zweigang- E-Achse mit hoher Effizienz. In: *ATZ - Automobiltechnische Zeitschrift* 123 (2021), Nr. 12, S. 16–21. – URL https://link.springer.com/article/10.1007/s35148-021-0769-0. – ISSN 0001-2785

[148] Schmidt, Friedemann: *Fehlerfrüherkennung bei elektrischen Maschinen und Achsen am Prüfstand: Predictive diagnostic of electric machines and e-axes on testbenches.* Stuttgart, Universität Stuttgart, Studienarbeit, 2019

[149] SCHNEIDER, Thomas: Modular und wirtschaftlich. In: *MTZ - Motortechnische Zeitschrift* 83 (2022), Nr. 12, S. 14–15. – ISSN 2192-8843

[150] SCHÖNEBURG, Eberhard ; HEINZMANN, Frank ; FEDDERSEN, Sven: *Genetische Algorithmen und Evolutionsstrategien: Eine Einführung in Theorie und Praxis der simulierten Evolution.* 1. Aufl., 2., unveränd. Nachdr. Bonn : Addison-Wesley, 1996. – ISBN 3893194932

[151] SCHRÖDER, Michael ; RUF, Andreas ; FRANCK, David ; HAMEYER, Kay: Einfluss von parasitären Effekten und Fertigungsabweichungen auf die Kräfte in elektrischen Maschinen. In: *e & i Elektrotechnik und Informationstechnik* 134 (2017), Nr. 2, S. 127–138. – URL https://doi.org/10.1007/s00502-017-0493-3. – ISSN 1613-7620

[152] SCIUTO, Mario ; HELLMUND, Ralph: "Road to Rig" — Simulationskonzept an Powertrain-Prüfständen in der Getriebeerprobung. In: *ATZ - Automobiltechnische Zeitschrift* 103 (2001), Nr. 4, S. 298–307. – ISSN 0001-2785

[153] SHANG, Kun ; ZHANG, Yaping ; GALEA, Michael ; BRUSIC, Vladimir ; KORPOSH, Serhiy: Fibre optic sensors for the monitoring of rotating electric machines: a review. In: *Optical and Quantum Electronics* 53 (2021), Nr. 2. – ISSN 0306-8919

[154] SIDDIQUE, A. ; YADAVA, G. S. ; SINGH, B.: A Review of Stator Fault Monitoring Techniques of Induction Motors. In: *IEEE Transactions on Energy Conversion* 20 (2005), Nr. 1, S. 106–114. – ISSN 0885-8969

[155] SOFDCAR: *Software-Defined Car.* 2022. – URL https://sofdcar.de/language/de/. – Zugriffsdatum: 6/19/2023

[156] SOMMER, Karl ; HEINZ, Rudolf ; SCHÖFER, Jörg: *Verschleiß metallischer Werkstoffe: Erscheinungsformen sicher beurteilen ; mit zahlreichen Tabellen.* 2., korrigierte und erg. Aufl. Wiesbaden : Springer Vieweg, 2014. – ISBN 978-3-8348-2463-9

[157] SONNET, Daniel (Hrsg.): *Neuronale Netze kompakt.* Wiesbaden : Springer Fachmedien Wiesbaden, 2022 (IT kompakt). – ISBN 978-3-658-29080-1

[158] SPARKS, D. ; NOLL, T. ; AGROTIS, D. ; BETZNER, T. ; GSCHWEND, K.: Multi-Sensor Modules with Data Bus Communication Capability. In: *SAE Technical Paper Series*, SAE International400 Commonwealth Drive, Warrendale, PA, United States, 1999 (SAE Technical Paper Series)

[159] SPECHT, Andreas ; BOCKER, Joachim: Observer for the rotor temperature of IPMSM. In: *2010 14th International Power Electronics and Motion Control Conference (EPE/PEMC 2010)*. Piscataway, NJ : IEEE, 2010. – ISBN 978-1-4244-7856-9

[160] SPECHT, Andreas ; WALLSCHEID, Oliver ; BOCKER, Joachim: Determination of rotor temperature for an interior permanent magnet synchronous machine using a precise flux observer. In: *2014 International Power Electronics Conference (IPEC-Hiroshima 2014 - ECCE ASIA)*, IEEE, 2014, S. 1501–1507. – ISBN 978-1-4799-2705-0

[161] SPRING, Eckhard: *Elektrische Maschinen*. Berlin, Heidelberg : Springer Berlin Heidelberg, 2009. – ISBN 978-3-642-00884-9

[162] STANEK, Robert (Hrsg.) ; KIRCHEN, Jana (Hrsg.) ; KLEIN, Andreas (Hrsg.) ; RUPP, Markus (Hrsg.) ; FLEMMING, Johannes (Hrsg.) ; STEINER, Lisa (Hrsg.) ; KNECHT, Tobias (Hrsg.): *Wertschöpfungspotenziale von E-Motoren für den Automobilbereich in Baden-Württemberg: Themenpapier Cluster Elektromobilität Süd-West*. Stuttgart : e-mobil BW GmbH - Landesagentur für neue Mobilitätslösungen und Automotive Baden-Württemberg, Juli 2021. – URL https://edocs.tib.eu/files/e01fn21/1770445021.pdf

[163] STAPELBROEK, Michael ; KAISER, Jörg ; BEYKIRCH, Rüdiger ; SZASZ, Christoph ; SAUER, Alexander ; MIRSALEHIAN, Mohammadali ; PAMPEL, Florian: Challenges in battery development – FEV's design and validation concept. In: LIEBL, Johannes (Hrsg.): *Der Antrieb von morgen 2021*. Berlin, Heidelberg : Springer Berlin Heidelberg, 2021, S. 181–198. – ISBN 978-3-662-63402-8

[164] STEGMAIER, Nicolai: *Regelung von Antriebsstrangprüfständen*. Stuttgart, Universität Stuttgart, Dissteration, 2019

[165] STOICA-KLÜVER, C. ; KLÜVER, J. ; SCHMIDT, J.: *Fuzzy-Mengenlehre und Fuzzy-Logik.* Vieweg+Teubner Verlag Wiesbaden. – URL https://link.springer.com/chapter/10.1007/978-3-8348-9237-9_6. – ISBN 978-3-8348-9237-9

[166] SZABO, Lorand ; FODOREAN, Daniel ; VASILACHE, Alexandra: Bearing fault detection of electrical machines used in automotive applications. In: *2016 XXII International Conference on Electrical Machines (ICEM)*, IEEE, 2016, S. 2184–2190. – ISBN 978-1-5090-2538-1

[167] TANG, Qian ; SHU, Xiong ; ZHU, Guanghui ; WANG, Jiande ; YANG, Huan: Reliability Study of BEV Powertrain System and Its Components—A Case Study. In: *Processes* 9 (2021), Nr. 5, S. 762. – URL https://www.mdpi.com/2227-9717/9/5/762. – ISSN 2227-9717

[168] TAVNER, Peter ; RAN, Li ; PENMAN, Jim ; SEDDING, Howard: *Condition Monitoring of Rotating Electrical Machines.* Institution of Engineering and Technology, 2008. – ISBN 9780863417412

[169] THEISSLER, Andreas ; PÉREZ-VELÁZQUEZ, Judith ; KETTELGERDES, Marcel ; ELGER, Gordon: Predictive maintenance enabled by machine learning: Use cases and challenges in the automotive industry. In: *Reliability Engineering & System Safety* 215 (2021), S. 107864. – ISSN 09518320

[170] TIETJEN, Thorsten ; DECKER, André: *FMEA-Praxis: Einstieg in die Risikoabschätzung von Produkten, Prozessen und Systemen.* 4., überarbeitete Auflage. München : Hanser, 2020 (Hanser eLibrary). – URL https://www.hanser-elibrary.com/doi/book/10.3139/9783446465640. – ISBN 978-3-446-46211-3

[171] TISCHMACHER, Hans: *Systemanalysen zur elektrischen Belastung von Wälzlagern bei umrichtergespeisten Elektromotoren.* Hannover, Gottfried Wilhelm Leibniz Universität Hannover, Dissertation, 2017

[172] TOLIYAT, Hamid A.: *Electric machines: Modeling, condition monitoring, and fault diagnosis.* 1st edition. URL https://permalink.obvsg.at/, 2013. – ISBN 9781138073975

[173] TOMASCHITZ, Markus: The Effective Way of Linking Simulation and Measurement Data. (31.01.2017). – URL https://www.avl.com/en/press/press-release/effective-way-linking-simulation-and-measurement-data. – Zugriffsdatum: 16.07.2023

[174] TONG, Wenming ; SUN, Ruolan ; ZHANG, Chao ; WU, Shengnan ; TANG, Renyuan: Loss and Thermal Analysis of a High-Speed Surface-Mounted PMSM With Amorphous Metal Stator Core and Titanium Alloy Rotor Sleeve. In: *IEEE Transactions on Magnetics* 55 (2019), Nr. 6, S. 1–4. – ISSN 0018-9464

[175] TROST, Daniel: *Fahrermodell zur realitätsnahen Erprobung von Handschaltgetrieben an Antriebsstrangprüfständen.* Stuttgart, Universität Stuttgart, Dissertation, 2022

[176] TSCHÖKE, Helmut (Hrsg.) ; GUTZMER, Peter (Hrsg.) ; PFUND, Thomas (Hrsg.): *Elektrifizierung des Antriebsstrangs: Grundlagen - vom Mikro-Hybrid zum vollelektrischen Antrieb.* 1. Auflage 2019. Wiesbaden : Springer Fachmedien Wiesbaden, 2019 (ATZ/MTZ-Fachbuch). – ISBN 978-3-662-60356-7

[177] UCHTMANN, Kai ; WIRTH, Rainer: *Maschinendiagnose an drehzahlveraenderlichen Antrieben mittels Ordnungsanalyse.* Maschinendiagnose an drehzahlveränderlichen Antrieben mittels, 1999. – URL https://maschinendiagnose.de/mosaic/_m_userfiles/pdf/downloads_de/fachbeitraege/ordnungsanalyse.pdf

[178] VECTOR INFORMATIK ; VECTOR INFORMATIK GMBH (Hrsg.): *vSignalyzer - Professionelles Darstellen, Auswerten und Dokumentieren von Messdaten | Vector.* 16.07.2023. – URL https://www.vector.com/de/de/produkte/produkte-a-z/software/vsignalyzer/. – Zugriffsdatum: 16.07.2023

[179] VEREIN DEUTSCHER INGENIEURE: *VDI/VDE 2206, Entwicklung mechatronischer und cyber-physischer Systeme.* Beuth Verlag GmbH, 2021

[180] Verein Deutscher Ingenieure VDI-Gesellschaft Verfahrenstechnik und Chemieingenieurwesen: *VDI-Wärmeatlas*. Berlin, Heidelberg : Springer Berlin Heidelberg, 2006. – ISBN 978-3-540-25504-8

[181] Vollmer, Uwe: *Entwurf, Auslegung und Realisierung eines verlustoptimierten elektrischen Antriebs für Hybridfahrzeuge*. Berlin, Universitätsbibliothek der Technischen Universität Berlin, Berlin, Technische Universtität Berlin, Diss., 2012, 2012. – URL http://opus.kobv.de/tuberlin/volltexte/2012/3754/

[182] Wagner, Alfons ; Brosch, Erwin ; Reuss, Hans-Christian: Vibration Behavior of Powertrain Test Benches - Measurement, Analysis and Modelling. In: *FISITA World Congress 2021 - Technical Programme*, FISITA, 2021

[183] Wagner, Alfons ; Reuss, Hans-Christian ; Brandl, Lukas: Parameter Identification Using the Model Fitting Method. In: Bargende, Michael (Hrsg.) ; Reuss, Hans-Christian (Hrsg.) ; Wagner, Andreas (Hrsg.) ; Mayer, Sabrina (Hrsg.): *22. Internationales Stuttgarter Symposium*. Wiesbaden : Springer Fachmedien Wiesbaden GmbH, 2022 (Proceedings), S. 155–164. – ISBN 978-3-658-37008-4

[184] Wallscheid, Oliver ; Bocker, Joachim: Design and identification of a lumped-parameter thermal network for permanent magnet synchronous motors based on heat transfer theory and particle swarm optimisation. In: *2015 17th European Conference on Power Electronics and Applications (EPE'15 ECCE-Europe)*. [S.l.] : IEEE, 2015, S. 1–10. – ISBN 978-9-0758-1522-1

[185] Wang, Shengnan ; Li, Yunhua ; Li, Yun-Ze ; Xiong, Kai: Analysis of power loss of permanent magnet synchronous motors in more-electric-aircraft considering the impact of temperature. In: *2018 IEEE/ASME International Conference on Advanced Intelligent Mechatronics (AIM)*, IEEE, 2018, S. 1184–1189. – ISBN 978-1-5386-1854-7

[186] Weicker, Karsten: *Evolutionäre Algorithmen*. 3., überarb. und erw. Aufl. Wiesbaden : Springer Vieweg, 2015. – ISBN 978-3-658-09957-2

[187] WEIDLER, Alexander: *Ermittlung von Raffungsfaktoren für die Getrie-beerprobung*, Universität Stuttgart, Dissertation, 2005

[188] WEINRICH, U. ; ORNER, M. ; SCHLÜTER, M. ; BAUMANN, G.: Neues Elektro-antriebslabor für das Automobil der Zukunft. In: *MTZextra* 23 (2018), S. 30–35. – ISSN 2509-4599

[189] WERDICH, Martin (Hrsg.): *FMEA - Einführung und Moderation: Durch systematische Entwicklung zur übersichtlichen Risikominimierung (inkl. Methoden im Umfeld)*. 1. Aufl. Wiesbaden : Vieweg + Teubner, 2011 (Praxis). – ISBN 978-3-8348-1433-3

[190] WHITTINGTON, H. W. ; FLYNN, B. W. ; MILLS, G. H.: An online wear debris monitor. In: *Measurement Science and Technology* 3 (1992), Nr. 7, S. 656–661. – URL https://iopscience.iop.org/article/10. 1088/0957-0233/3/7/005. – ISSN 0957-0233

[191] WOLF, P. ; SCHWERICKE, K. ; SCHAUMEIER, A. ; WECKHERLIN, A. ; RICH-TER, J. ; UNGER, A. ; BÄKER, B.: Maschinelles Lernen in der Onboard-Fahrzeugdiagnose - Eine Analyse potentieller Umsetzungsmöglichkeiten. In: BÄKER, Bernard (Hrsg.) ; UNGER, Andreas (Hrsg.): *Diagnose in mecha-tronischen Fahrzeugsystemen XIII*. Dresden : TUDpress, 2019, S. 29ff.. – ISBN 978-3-95908-164-1

[192] WOLPERT, D. H. ; MACREADY, W. G.: No free lunch theorems for optimi-zation. In: *IEEE Transactions on Evolutionary Computation* 1 (1997), Nr. 1, S. 67–82. – ISSN 1089778X

[193] WOOD, J. W. ; RYDER, D. M. ; GALLAGHER, P. L.: The Detection and Identification of Overheated Insulation in Turbogenerators. In: *IEEE Transactions on Power Apparatus and Systems* PAS-98 (1979), Nr. 1, S. 333–336. – ISSN 0018-9510

[194] WU, Ying ; GAO, Hongwei: Induction-motor stator and rotor winding temperature estimation using signal injection method. In: *IEEE Transac-tions on Industry Applications* 42 (2006), Nr. 4, S. 1038–1044. – ISSN 0093-9994

[195] YAN, Y. ; CHEN, B. ; LIU, Z. Y. ; HUANG, B.: Construction and experimental research of multifunctional hybrid powertrain test bench. In: *Journal of Physics: Conference Series* 1982 (2021), Nr. 1, S. 012138. – URL https://iopscience.iop.org/article/10.1088/1742-6596/1982/1/012138/meta. – ISSN 1742-6596

[196] YONGDONG, L. ; HAO, Z.: Sensorless control of permanent magnet synchronous motor — a survey. In: *2008 IEEE Vehicle Power and Propulsion Conference*, IEEE, 2008, S. 1–8. – ISBN 978-1-4244-1848-0

[197] YUAN, K. ; XIAO, F. ; FEI, L. ; KANG, B. ; DENG, Y.: Modeling Sensor Reliability in Fault Diagnosis Based on Evidence Theory. In: *Sensors* 16 (2016), Nr. 1, S. 113. – URL https://www.mdpi.com/1424-8220/16/1/113/pdf

[198] ZACHER, S. ; REUTER, M.: *Regelungstechnik für Ingenieure*. Wiesbaden : Springer Fachmedien Wiesbaden, 2022. – ISBN 978-3-658-36406-9

[199] ZADEH, L. A.: Fuzzy sets. In: *Information and Control* 8 (1965), Nr. 3, S. 338–353. – URL https://www.sciencedirect.com/science/article/pii/S001999586590241X. – ISSN 00199958

[200] ZENG, X. J. ; YANG, M. ; BO, Y. F.: Gearbox oil temperature anomaly detection for wind turbine based on sparse Bayesian probability estimation. In: *International Journal of Electrical Power & Energy Systems* 123 (2020), S. 106233. – URL https://www.sciencedirect.com/science/article/pii/S0142061519341742. – ISSN 01420615

[201] ZHANG, X. ; BOWMAN, C. L. ; O'CONNELL, T. C. ; HARAN, K. S.: Large electric machines for aircraft electric propulsion. In: *IET Electric Power Applications* 12 (2018), Nr. 6, S. 767–779. – ISSN 1751-8660

[202] ZÖRNIG, A. ; DANIEL, C. ; SCHMIDT, H. ; WOSCHKE, E.: Messtechnik zur Verschleißerkennung an Gleichlaufgelenkwellen in Verspannungsprüfständen. In: *1. Fachtagung für Prüfstandsbau und Prüfstandsbetrieb (TestRig)* (2022), S. 53. – ISSN 38169852

Anhang

A. Anhang

A.1 Bewertungsskala nach ISO 18571

Tabelle A.1: Bewertungsskala nach ISO 18571 [80]

Bewertung	Qualität	Beschreibung
$r > 0,94$	Exzellent	Annähernd perfekte Charakteristik
$0,8 < r \leq 0,94$	Gut	Angemessen gute Charakteristik, mit erkennbaren Unterschieden
$0,58 < r \leq 0,8$	Ausreichend	Grundlegende Eigenschaften sind nachgebildet, aber signifikante Unterschiede sind erkennbar.
$r \leq 0,58$	Schlecht	Nahezu keine Korrelation zwischen den Signalen

© Der/die Herausgeber bzw. der/die Autor(en), exklusiv lizenziert an
Springer Fachmedien Wiesbaden GmbH, ein Teil von Springer Nature 2024
E. Brosch, *Online-Überwachung elektrischer Antriebsstränge im
Prüfstandsumfeld*, Wissenschaftliche Reihe Fahrzeugtechnik
Universität Stuttgart, https://doi.org/10.1007/978-3-658-44420-4

A.2 Ergänzendes Beispiel zu Kapitel 6.5

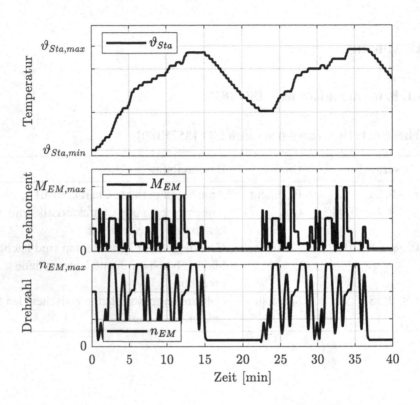

Abbildung A.1: Inbetriebnahme-Messungen als Trainingsdaten für den GA

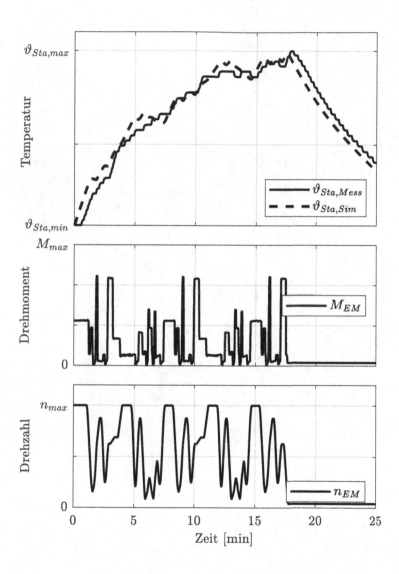

Abbildung A.2: Validierung der Simulation von Stator- und Rotortemperatur

Printed in the United States
by Baker & Taylor Publisher Services